Más Allá del Carbón

El Ascenso de las Renovables y la Cuestión Nuclear

Francisco José Hurtado Mayén

Contenido

Introducción 7

    Objetivo del libro 7

    Estado actual de la energía renovable 11

        Breve Historia y Situación de las Energías Renovables 11

        Historia de las Energías Renovables 11

        Situación Actual del Sector de las Energías Renovables 14

    Desafíos y oportunidades 20

        Desafíos de la Adopción de Energías Renovables 20

        Oportunidades y Beneficios a Largo Plazo 24

Capítulo 1: Avances en Tecnologías Solares 29

    Tecnología Fotovoltaica 29

        Evolución y Mejoras en la Eficiencia de los Paneles Solares 29

        Nuevos Materiales y Tecnologías Emergentes 32

        Concentración de Energía Solar (CSP) 35

        Innovaciones Recientes y Futuros Desarrollos de la CSP 39

        Integración y Optimización 43

Capítulo 2: Innovaciones en Energía Eólica 49

    Aerogeneradores Terrestres 49

    Energía Eólica Marina 54

    Tecnologías Emergentes 59

Capítulo 3: Energías Renovables Emergentes 65

    Energía Tidal 65

    Energía de Olas 69

    Otras Fuentes de Energía 74

Energía Geotérmica 74

Biomasa.. 78

Otras Fuentes Innovadoras... 84

Potencial y Perspectivas Futuras 86

Capítulo 4: Innovaciones en Almacenamiento y Gestión 91

Baterías Avanzadas.. 91

Almacenamiento Térmico y Mecánico 95

Gestión de la Red Eléctrica.. 99

Capítulo 5: Marco Político y Económico 103

Políticas Gubernamentales.. 103

Incentivos Económicos 108

Estrategias de Financiación 114

Capítulo 6: El Papel de la Inteligencia Artificial y el Big Data............... 121

Optimización de Sistemas de Energía.. 121

Mantenimiento Predictivo.. 126

Análisis de Datos y Toma de Decisiones 130

Capítulo 7: El Debate sobre la Energía Nuclear 135

Introducción a la Energía Nuclear 135

La Energía Nuclear como Energía Renovable.................................... 138

Contra la Energía Nuclear como Energía Renovable 142

Perspectivas Globales sobre la Energía Nuclear................................ 146

El Futuro de la Energía Nuclear 150

Conclusiones sobre la Energía Nuclear 155

Conclusión 159

En resumen 159

¿Y el futuro?... 163

¿Qué puedes hacer tú?... 166

Apéndices 171

    Preguntas frecuentes... 171

    Glosario de Términos Técnicos 183

    Lista de Lecturas Recomendadas 189

    Recursos y Herramientas Útiles 195

        Recursos en Línea... 195

        Herramientas y Software.. 197

        Publicaciones y Bases de Datos 199

        Organizaciones y Redes Profesionales 201

Introducción

Objetivo del libro

En las últimas décadas, la humanidad ha enfrentado desafíos sin precedentes relacionados con el cambio climático, la degradación ambiental y la sostenibilidad energética. Estos desafíos han impulsado una transformación radical en el sector energético, movidos por la necesidad urgente de reducir las emisiones de gases de efecto invernadero y depender menos de los combustibles fósiles. "Más allá del Carbión" se concibe como una guía exhaustiva y visionaria que explora las fronteras de la innovación en energías renovables y analiza el papel controversial pero esperanzador de la energía nuclear en el mix energético del futuro.

El propósito principal de este libro es proporcionar a los lectores una comprensión profunda y actualizada de las tecnologías más avanzadas en el ámbito de las energías renovables, así como del debate en torno a la energía nuclear. A través de una combinación de análisis técnico, estudios de caso, entrevistas con expertos y reflexiones sobre políticas públicas, el libro pretende arrojar luz sobre cómo estas innovaciones están transformando el panorama energético global y cuáles son las perspectivas a largo plazo.

Este libro es de suma importancia por varias razones:

- Educación y Concienciación: Proporciona información detallada y accesible sobre las tecnologías más avanzadas y emergentes en el campo de las energías renovables, ayudando a educar y concienciar a una audiencia amplia. Este libro está dirigido tanto a profesionales del sector como a estudiantes, investigadores y el público general interesado en la sostenibilidad. Al desmitificar conceptos técnicos y presentar la información de manera clara y comprensible, el libro busca empoderar a los lectores con el conocimiento necesario para entender y participar en el debate sobre el futuro energético.
- Fomento del Debate Informado: Al abordar la energía nuclear desde una perspectiva equilibrada, el libro fomenta un debate informado sobre su papel en el futuro energético. Reconociendo tanto los avances y beneficios como los riesgos y controversias asociados con la energía nuclear, este libro proporciona una plataforma para el diálogo constructivo. Se presentan diversos puntos de vista y se analizan los argumentos de defensores y críticos, facilitando una comprensión integral y matizada del tema.

- Inspiración para la Innovación: Presenta innovaciones y casos de éxito que pueden servir como inspiración para investigadores, emprendedores y responsables de políticas. A través de estudios de caso detallados y entrevistas con pioneros en el campo, el libro destaca proyectos innovadores y soluciones tecnológicas que están cambiando el juego en el sector energético. Esta sección tiene como objetivo inspirar a la próxima generación de innovadores a continuar explorando y desarrollando nuevas tecnologías que impulsen la transición hacia una energía más limpia y eficiente.
- Guía para la Toma de Decisiones: Ofrece análisis y reflexiones sobre las políticas y marcos económicos que están facilitando la transición hacia un futuro energético más sostenible. Se examinan ejemplos de políticas exitosas en diferentes partes del mundo, así como los desafíos y oportunidades que enfrentan los legisladores y reguladores. El libro también discute modelos de negocio innovadores y mecanismos de financiación que están ayudando a catalizar inversiones en energías renovables y tecnologías de almacenamiento de energía.
- Promoción de la Sostenibilidad y la Resiliencia Energética: En un contexto global de creciente

demanda de energía y preocupación por la seguridad energética, el libro aborda cómo las energías renovables y la energía nuclear pueden contribuir a una matriz energética más resiliente y sostenible. Se analizan las sinergias entre diferentes fuentes de energía y se proponen estrategias para una integración efectiva en la red eléctrica. Este enfoque holístico busca asegurar que las soluciones energéticas del futuro no solo sean eficientes y limpias, sino también resilientes frente a cambios y crisis.

- Perspectivas Globales y Adaptabilidad Regional: A través de una serie de estudios de caso internacionales, el libro examina cómo diferentes regiones están adoptando e innovando en el uso de energías renovables y nucleares. Se abordan las particularidades geográficas, económicas y políticas que influyen en la adopción de estas tecnologías en diferentes contextos, proporcionando una visión global y adaptable a las realidades locales.

En resumen, "Más allá del Carbión" no solo aspira a ser un recurso de referencia en el campo de las energías renovables y la energía nuclear, sino también a inspirar y equipar a sus lectores con el conocimiento y la visión necesarios para contribuir activamente a un futuro energético sostenible y resiliente. Al explorar los avances tecnológicos, el marco de políticas, y los debates éticos y económicos, este libro busca proporcionar una hoja de ruta para un futuro en el que la energía limpia y segura sea accesible para todos.

Estado actual de la energía renovable

Breve Historia y Situación de las Energías Renovables

La historia de las energías renovables se remonta a tiempos antiguos, cuando las civilizaciones comenzaron a utilizar recursos naturales como el viento, el agua y el sol para satisfacer sus necesidades energéticas básicas. Sin embargo, fue en la era moderna cuando el desarrollo y la adopción de las energías renovables experimentaron un crecimiento significativo, impulsado por la revolución industrial y, más recientemente, por la creciente preocupación por el cambio climático y la sostenibilidad ambiental.

Historia de las Energías Renovables

Desde la antigüedad, los seres humanos han aprovechado la energía del agua en movimiento para diversas aplicaciones. Los molinos de agua fueron utilizados por los griegos y romanos para moler grano y realizar otras tareas mecánicas. Estas máquinas aprovechaban la corriente de los ríos para convertir el movimiento del agua en energía mecánica. En China y Oriente Medio, también se utilizaron técnicas similares para riego y molienda, demostrando la amplia utilización y adaptabilidad de la energía hidráulica en diferentes culturas y geografías.

Las primeras referencias al uso del viento datan de hace más de 2,000 años, con los molinos de viento persas que se utilizaban para bombear agua y moler grano. Estos molinos eran estructuras rudimentarias pero efectivas que transformaban la energía cinética del viento en energía mecánica utilizable. Durante la Edad Media, los molinos de viento se expandieron por Europa, especialmente en los Países Bajos, donde se convirtieron en un ícono del paisaje. Los molinos de viento holandeses no solo molían grano, sino que también se empleaban en el drenaje de tierras y otros usos agrícolas.

Durante la primera Revolución Industrial, la invención de la máquina de vapor y la creciente demanda de carbón eclipsaron temporalmente el uso de energías renovables. Sin embargo, la energía hidráulica seguía siendo una fuente importante para alimentar fábricas y maquinaria, especialmente en áreas donde el carbón era escaso o caro. En este siglo, también comenzaron a desarrollarse las primeras ideas sobre la utilización de la energía solar. En 1839, Alexandre Edmond Becquerel descubrió el efecto fotovoltaico, lo que sentó las bases para el desarrollo de la energía solar fotovoltaica. Este descubrimiento crucial demostró que la luz solar podía convertirse directamente en electricidad. A finales del siglo XIX, científicos como Charles Fritts y Wilhelm Hallwachs realizaron experimentos clave que llevaron a los primeros dispositivos solares rudimentarios, allanando el camino para futuras innovaciones en tecnología solar.

En el siglo XX, el desarrollo de la energía eólica y solar se aceleró significativamente. En la década de 1970, la crisis del petróleo despertó un interés renovado en las fuentes de energía alternativas, debido a la necesidad de reducir la dependencia de los combustibles fósiles y mitigar los impactos de las crisis energéticas. Los avances tecnológicos en aerogeneradores y paneles solares comenzaron a hacer viable su uso a mayor escala. Durante este período, se establecieron las primeras granjas eólicas y plantas solares comerciales, marcando un hito en la adopción de energías renovables.

A partir de la década de 1980, varios gobiernos empezaron a implementar políticas para fomentar la adopción de energías renovables, como subsidios y tarifas de alimentación. Estas políticas ayudaron a reducir costos y aumentar la inversión en tecnologías renovables, haciendo que la energía solar y eólica fueran más competitivas en comparación con las fuentes de energía tradicionales. La construcción de grandes presas hidroeléctricas en países como Brasil, con la central hidroeléctrica de Itaipú; China, con la monumental presa de las Tres Gargantas; y Estados Unidos, con la icónica presa Hoover, marcó el auge de la energía hidroeléctrica moderna. Estos proyectos no solo proporcionaron grandes cantidades de electricidad, sino que también demostraron el potencial de la energía hidráulica para contribuir significativamente a la matriz energética global, consolidándola como una de las principales fuentes de energía renovable a nivel mundial.

Situación Actual del Sector de las Energías Renovables

Hoy en día, el sector de las energías renovables está en el centro de la transición energética global. Los avances tecnológicos, el apoyo gubernamental y la creciente demanda de energía limpia han llevado a un rápido crecimiento de este sector. La capacidad instalada de energía solar fotovoltaica ha crecido exponencialmente en las últimas dos décadas, con países como China, Estados Unidos y Alemania liderando la adopción de esta tecnología. La capacidad global de energía solar ha superado los 700 gigavatios (GW) en 2023, y se espera que siga creciendo a medida que los costos continúen disminuyendo. Los costos de los paneles solares han disminuido significativamente, haciéndolos más accesibles y competitivos en comparación con las fuentes de energía tradicionales. En la última década, los costos de la energía solar se han reducido en más de un 80%, gracias a mejoras en la tecnología de producción y economías de escala. Las tecnologías de paneles solares han avanzado, incluyendo células solares de perovskita, sistemas de concentración solar (CSP) y paneles bifaciales que capturan la luz solar por ambos lados. Estas innovaciones están mejorando la eficiencia y la rentabilidad de la energía solar.

La energía eólica ha visto una expansión global, con grandes parques eólicos tanto onshore (terrestres) como offshore (marinos). Dinamarca, Estados Unidos y China son líderes en esta tecnología. La capacidad instalada de energía eólica global ha superado los 750 GW, con una creciente inversión en proyectos offshore. Los aerogeneradores han evolucionado para ser más eficientes y capaces de generar más electricidad a partir del viento, incluso en condiciones de viento moderado. Los aerogeneradores modernos pueden tener palas de más de 100 metros de largo y torres que superan los 150 metros de altura, aumentando significativamente la capacidad de generación. La energía eólica marina está emergiendo como un componente crucial de la energía renovable. Países como el Reino Unido y Alemania han desarrollado extensas instalaciones offshore, aprovechando los fuertes y constantes vientos marinos para generar electricidad de manera eficiente.

La energía hidroeléctrica sigue siendo una de las mayores fuentes de energía renovable, especialmente en países con abundantes recursos hídricos como Brasil, Canadá y Noruega. Representa aproximadamente el 16% de la producción mundial de electricidad. Aunque es una fuente de energía limpia, la construcción de grandes presas hidroeléctricas puede tener impactos ambientales significativos, como la alteración de ecosistemas acuáticos y desplazamiento de comunidades. Esto ha llevado a un mayor escrutinio y la búsqueda de soluciones más sostenibles, como la hidroeléctrica de pasada y la modernización de infraestructuras existentes. La energía hidroeléctrica de pequeña escala está ganando popularidad como una alternativa menos disruptiva. Estos proyectos tienen un menor impacto ambiental y pueden ser implementados en comunidades rurales y remotas.

Las energías renovables emergentes, como la biomasa y el biogás, están siendo utilizadas para generar electricidad y calor, especialmente en áreas rurales y agrícolas. La biomasa puede provenir de residuos agrícolas, forestales y urbanos, mientras que el biogás se produce a partir de la descomposición anaeróbica de materia orgánica. La energía geotérmica, utilizada principalmente en regiones con actividad geotérmica, como Islandia y algunos estados de Estados Unidos, proporciona una fuente constante y fiable de energía. La capacidad instalada global de energía geotérmica está en crecimiento, con nuevos proyectos en países como Kenia, Filipinas e Indonesia. Tecnologías como la energía de las olas y la energía mareomotriz están en fases de desarrollo y demostración. Proyectos piloto en lugares como el Reino Unido, Canadá y Australia están explorando el potencial de estas fuentes para contribuir significativamente a la matriz energética.

Las innovaciones y el futuro del sector de las energías renovables son prometedores. La integración de sistemas de almacenamiento de energía, como las baterías de iones de litio, está permitiendo una mayor estabilidad y fiabilidad en el suministro de energía renovable. El almacenamiento a gran escala está facilitando la gestión de la intermitencia de fuentes como la solar y la eólica. La implementación de redes eléctricas inteligentes está mejorando la gestión y distribución de la energía, facilitando una mayor penetración de las energías renovables en el mix energético. Estas redes utilizan tecnologías avanzadas para monitorear y gestionar el flujo de electricidad de manera eficiente, adaptándose a las fluctuaciones de la oferta y la demanda. La producción de hidrógeno a partir de energías renovables está ganando atención como una solución potencial para el almacenamiento de energía a largo plazo y la descarbonización de sectores difíciles de electrificar, como la industria pesada y el transporte de larga distancia.

Históricamente, la energía renovable ha pasado de ser una curiosidad a una necesidad urgente en el contexto actual de cambio climático y búsqueda de sostenibilidad. Desde los antiguos molinos de agua y viento hasta las modernas tecnologías solares y eólicas, el progreso ha sido notable. Durante siglos, la humanidad ha buscado maneras de aprovechar las fuerzas de la naturaleza para realizar tareas cotidianas. La revolución industrial, aunque dominada por el carbón y el vapor, no pudo eclipsar por completo el potencial de las energías renovables. En el siglo XIX, la invención de la máquina de vapor y la creciente demanda de carbón eclipsaron temporalmente el uso de energías renovables. Sin embargo, la energía hidráulica seguía siendo una fuente importante para alimentar fábricas y maquinaria. En este siglo, también comenzaron a desarrollarse las primeras ideas sobre la utilización de la energía solar. En 1839, Alexandre Edmond Becquerel descubrió el efecto fotovoltaico, lo que sentó las bases para el desarrollo de la energía solar fotovoltaica. A finales del siglo XIX, científicos como Charles Fritts y Wilhelm Hallwachs realizaron experimentos clave que llevaron a los primeros dispositivos solares rudimentarios.

En el siglo XX, el desarrollo de la energía eólica y solar se aceleró significativamente. En la década de 1970, la crisis del petróleo despertó un interés renovado en las fuentes de energía alternativas, debido a la necesidad de reducir la dependencia de los combustibles fósiles y mitigar los impactos de las crisis energéticas. Los avances tecnológicos en aerogeneradores y paneles solares comenzaron a hacer viable su uso a mayor escala. Durante este período, se establecieron las primeras granjas eólicas y plantas solares comerciales, marcando un hito en la adopción de energías renovables.

A partir de la década de 1980, varios gobiernos empezaron a implementar políticas para fomentar la adopción de energías renovables, como subsidios y tarifas de alimentación. Estas políticas ayudaron a reducir costos y aumentar la inversión en tecnologías renovables, haciendo que la energía solar y eólica fueran más competitivas en comparación con las fuentes de energía tradicionales. La construcción de grandes presas hidroeléctricas en países como Brasil, con la central hidroeléctrica de Itaipú; China, con la monumental presa de las Tres Gargantas; y Estados Unidos, con la icónica presa Hoover, marcó el auge de la energía hidroeléctrica moderna. Estos proyectos no solo proporcionaron grandes cantidades de electricidad, sino que también demostraron el potencial de la energía hidráulica para contribuir significativamente a la matriz energética global, consolidándola como una de las principales fuentes de energía renovable a nivel mundial.

El progreso en el sector de las energías renovables no solo ha sido técnico, sino también social y político. La creciente conciencia sobre el cambio climático y sus impactos ha llevado a una mayor demanda de políticas energéticas sostenibles. Las innovaciones en tecnologías renovables han sido impulsadas por la necesidad de encontrar soluciones a problemas globales, como la reducción de emisiones de gases de efecto invernadero y la búsqueda de fuentes de energía seguras y sostenibles. La inversión en investigación y desarrollo, junto con políticas favorables y la creciente conciencia pública, ha llevado a una adopción masiva de estas tecnologías. A medida que continuamos innovando y perfeccionando estas fuentes de energía, la perspectiva de un futuro energético sostenible se vuelve cada vez más alcanzable. Con un enfoque en la sostenibilidad y la eficiencia, las energías renovables no solo están transformando el sector energético, sino también proporcionando soluciones clave para un mundo más limpio y saludable..

Desafíos y oportunidades

Desafíos de la Adopción de Energías Renovables

A pesar de los avances significativos en el desarrollo y la implementación de tecnologías de energía renovable, todavía existen varios desafíos que deben ser superados para facilitar una transición energética global. La intermitencia y la fiabilidad de las fuentes de energía renovable, como la solar y la eólica, representan un obstáculo considerable. Estas fuentes de energía son inherentemente intermitentes porque dependen de condiciones climáticas que no siempre son predecibles ni constantes. Esto plantea un desafío para asegurar un suministro continuo y estable de electricidad. Para mitigar este problema, la implementación de sistemas de almacenamiento de energía a gran escala, como baterías de iones de litio y tecnologías emergentes como el almacenamiento de energía en aire comprimido, es crucial. Además, la diversificación del mix energético y el desarrollo de redes inteligentes ayudan a equilibrar la oferta y la demanda, proporcionando una mayor estabilidad y fiabilidad al sistema energético.

La infraestructura y la capacidad de red también son desafíos significativos para la adopción de energías renovables. La infraestructura de transmisión y distribución actual no siempre está preparada para manejar la integración masiva de energías renovables. Las redes eléctricas tradicionales pueden necesitar modernizaciones significativas para adaptarse a la variabilidad y la distribución descentralizada de las fuentes de energía renovable. Las inversiones en modernización de la infraestructura, expansión de las redes y desarrollo de redes inteligentes son esenciales. Estas mejoras permiten una gestión más eficiente de la energía y una mayor capacidad para integrar fuentes renovables en la red, facilitando así una transición más fluida hacia un sistema energético sostenible.

Otro obstáculo importante son los costos iniciales y el financiamiento. Aunque los costos de las tecnologías de energía renovable han disminuido considerablemente, los proyectos iniciales pueden requerir inversiones significativas en capital. Esto puede ser un obstáculo, especialmente en regiones con limitaciones financieras. Sin embargo, existen soluciones para facilitar la movilización de capital para proyectos de energía renovable. Los mecanismos de financiamiento innovadores, como los acuerdos de compra de energía (PPA), las asociaciones público-privadas y los fondos de inversión en energía verde, pueden desempeñar un papel crucial. Además, los subsidios gubernamentales y los incentivos fiscales pueden reducir la carga financiera inicial, haciendo que los proyectos de energía renovable sean más atractivos y viables.

La aceptación social y las políticas gubernamentales también juegan un papel crucial en la adopción de energías renovables. A veces, esta adopción enfrenta resistencia por parte de las comunidades locales debido a preocupaciones sobre el impacto ambiental, el uso del suelo y otros factores sociales. Además, la inconsistencia en las políticas gubernamentales puede crear incertidumbre y desincentivar la inversión. Para mejorar la aceptación social, la participación de la comunidad y la educación son esenciales. Las políticas gubernamentales consistentes y favorables, junto con la creación de marcos regulatorios claros y estables, pueden proporcionar la seguridad necesaria para los inversores y las empresas, fomentando así un entorno propicio para el crecimiento de las energías renovables.

Finalmente, los desafíos técnicos y logísticos no pueden ser subestimados. La implementación y el mantenimiento de tecnologías de energía renovable en áreas remotas o inhóspitas pueden ser técnicamente desafiantes y logísticamente complicados. Sin embargo, las innovaciones tecnológicas, como los sistemas modulares y las soluciones fuera de la red, pueden facilitar la implementación en estas áreas. Además, la formación y el desarrollo de capacidades locales pueden ayudar a superar los desafíos logísticos, asegurando que las comunidades puedan mantener y operar sus sistemas de energía renovable de manera eficaz.

En resumen, aunque la transición hacia un sistema energético basado en energías renovables presenta varios desafíos, existen soluciones viables y estrategias que pueden facilitar este proceso. La implementación de tecnologías avanzadas de almacenamiento de energía, la modernización de la infraestructura, el desarrollo de mecanismos de financiamiento innovadores, la promoción de políticas gubernamentales consistentes y favorables, y la adopción de innovaciones tecnológicas y logísticas son pasos cruciales. Con un enfoque coordinado y colaborativo, es posible superar estos obstáculos y avanzar hacia un futuro energético más sostenible y resiliente, beneficiando tanto al medio ambiente como a las comunidades globales..

Oportunidades y Beneficios a Largo Plazo

A pesar de los desafíos, la adopción de energías renovables presenta numerosas oportunidades y beneficios a largo plazo que pueden transformar la economía global y mejorar la calidad de vida. La transición a energías renovables es crucial para reducir las emisiones de gases de efecto invernadero y combatir el cambio climático. La generación de electricidad a partir de fuentes renovables emite significativamente menos CO_2 en comparación con los combustibles fósiles. Este cambio no solo contribuye a la mitigación del cambio climático, sino que también protege los ecosistemas, reduce la frecuencia y severidad de eventos climáticos extremos y mejora la salud pública global al reducir la contaminación del aire.

La adopción de energías renovables también puede incrementar la independencia energética y la seguridad de los países. Al reducir la dependencia de las importaciones de combustibles fósiles, las naciones pueden protegerse mejor contra la volatilidad de los precios del petróleo y el gas, y minimizar el riesgo de conflictos geopolíticos relacionados con los recursos energéticos. Esta independencia energética proporciona una mayor estabilidad económica y política, permitiendo a los países gestionar mejor sus recursos y enfocarse en el desarrollo sostenible.

El sector de las energías renovables es una fuente significativa de creación de empleo, generando oportunidades desde la investigación y el desarrollo hasta la fabricación, instalación y mantenimiento de tecnologías limpias. La expansión de las energías renovables puede impulsar el desarrollo económico, especialmente en áreas rurales y remotas, proporcionando empleos locales y oportunidades económicas a largo plazo. Esto no solo mejora la economía local, sino que también promueve la inclusión social y reduce la migración hacia las ciudades en busca de empleo.

La inversión en energías renovables fomenta la innovación y el desarrollo de nuevas tecnologías, lo que puede tener aplicaciones más allá del sector energético. La innovación tecnológica puede mejorar la eficiencia energética, reducir los costos de producción y abrir nuevas oportunidades de negocio en diversos sectores. Además, el avance en tecnologías renovables puede estimular la competitividad industrial y posicionar a las naciones a la vanguardia de la economía global.

La generación de energía a partir de fuentes renovables reduce significativamente la contaminación del aire en comparación con la quema de combustibles fósiles. Esta mejora en la calidad del aire tiene un impacto directo en la salud pública, reduciendo la incidencia de enfermedades respiratorias y cardiovasculares y mejorando la calidad de vida de las personas. La disminución de la contaminación contribuye a crear ambientes más saludables, lo que se traduce en menores costos de atención médica y una mayor productividad laboral.

Las energías renovables son fundamentales para el desarrollo sostenible, proporcionando una fuente de energía limpia y continua que no agota los recursos naturales. Este enfoque garantiza que las necesidades energéticas de las generaciones presentes y futuras puedan ser satisfechas sin comprometer el medio ambiente y los recursos disponibles. El desarrollo sostenible promueve un equilibrio entre el crecimiento económico, la protección ambiental y la equidad social, asegurando un futuro viable para todos.

La diversificación de la matriz energética con fuentes renovables aumenta la resiliencia frente a los impactos del cambio climático y otros eventos extremos. Una infraestructura energética más resiliente y adaptable es crucial para mantener el suministro de energía en situaciones de crisis y para la recuperación post-desastre. Las energías renovables, al no depender de un suministro constante de combustibles, ofrecen una mayor seguridad en el suministro energético durante situaciones de emergencia, contribuyendo a la estabilidad y la recuperación económica.

En conclusión, aunque la adopción de energías renovables enfrenta varios desafíos, las oportunidades y beneficios a largo plazo son inmensos. La transición hacia un sistema energético basado en fuentes limpias y sostenibles es no solo una necesidad ambiental, sino también una oportunidad económica y social que puede transformar el futuro global de la energía y la calidad de vida en nuestro planeta. La adopción de energías renovables no solo es una respuesta a los desafíos ambientales actuales, sino también una estrategia integral para fomentar el desarrollo económico, la innovación tecnológica y la resiliencia comunitaria. Con un enfoque decidido y colaborativo, la transición energética puede marcar el comienzo de una nueva era de prosperidad y sostenibilidad global.

Capítulo 1: Avances en Tecnologías Solares

Tecnología Fotovoltaica

Evolución y Mejoras en la Eficiencia de los Paneles Solares

La tecnología fotovoltaica ha recorrido un largo camino desde su descubrimiento en el siglo XIX hasta convertirse en una de las principales fuentes de energía renovable en la actualidad. La evolución de los paneles solares ha estado marcada por constantes mejoras en eficiencia, reducción de costos y avances tecnológicos que han incrementado su viabilidad comercial. El viaje comenzó con el descubrimiento del efecto fotovoltaico por Alexandre Edmond Becquerel en 1839, lo que sentó las bases para el desarrollo de la tecnología solar. A pesar de este descubrimiento temprano, las primeras células solares prácticas no se desarrollaron hasta el siglo XX. En 1954, los Laboratorios Bell desarrollaron la primera célula solar de silicio capaz de convertir la luz solar en electricidad con una eficiencia del 6%. Estas primeras células solares eran costosas y se utilizaban principalmente en aplicaciones espaciales debido a su alto costo y baja eficiencia.

La crisis del petróleo de la década de 1970 fue un catalizador significativo para la investigación y desarrollo en energías alternativas, incluida la fotovoltaica. Esta crisis energética global impulsó una mayor inversión en la búsqueda de fuentes de energía sostenibles y seguras, y la tecnología solar comenzó a ganar más atención. Durante este período, comenzaron a surgir las primeras aplicaciones comerciales de paneles solares, principalmente en ubicaciones remotas y fuera de la red, donde la electricidad convencional era inaccesible o demasiado costosa. La investigación se centró en mejorar la eficiencia de las células solares y reducir los costos de producción para hacerlas más viables para el uso general.

En la década de 1980, el apoyo gubernamental y los subsidios desempeñaron un papel crucial en la expansión de la investigación en tecnología fotovoltaica. Los gobiernos de todo el mundo reconocieron el potencial de la energía solar y comenzaron a ofrecer incentivos para estimular su desarrollo. Este apoyo permitió avances significativos, incluido el desarrollo de paneles de silicio policristalino, que aunque ofrecían una eficiencia ligeramente inferior a los monocristalinos, eran mucho más económicos de fabricar. Estos paneles comenzaron a ser más comunes en aplicaciones comerciales y residenciales, ampliando la adopción de la energía solar.

Los años 2000 marcaron un período de reducción de costos y aumento de la eficiencia en la tecnología solar. Los avances en la tecnología de fabricación, junto con las economías de escala, resultaron en una significativa reducción de costos de los paneles solares. Entre 2000 y 2020, los costos de los paneles solares disminuyeron en más del 80%, haciendo que la energía solar fuera más accesible para un mayor número de personas y empresas. Las mejoras continuas en la tecnología de células solares, incluyendo el uso de técnicas como el recubrimiento antirreflectante y las estructuras de contacto posterior, aumentaron la eficiencia de los paneles solares comerciales a más del 20%. Estos avances permitieron que los sistemas solares generaran más electricidad por metro cuadrado, mejorando su viabilidad económica y ambiental.

En la década de 2020, la tecnología fotovoltaica ha alcanzado nuevos niveles de sofisticación con la introducción de tecnologías avanzadas como la heterojunction (HJT) y la célula trasera pasivada (PERC). Estas innovaciones han permitido eficiencias aún mayores, acercando las eficiencias de las células solares a su límite teórico. Los paneles solares bifaciales, que pueden capturar la luz solar por ambos lados, están ganando popularidad, aumentando la producción de energía por metro cuadrado y mejorando la rentabilidad de las instalaciones solares. Además, la integración de tecnologías de almacenamiento de energía, como las baterías de iones de litio, ha mejorado la capacidad de los sistemas solares para proporcionar electricidad constante y fiable, incluso cuando el sol no brilla.

Nuevos Materiales y Tecnologías Emergentes

Además de las mejoras en las tecnologías tradicionales de silicio, la investigación está explorando nuevos materiales y tecnologías emergentes que prometen revolucionar el campo de la energía solar fotovoltaica. Las células solares de perovskita han surgido como una tecnología prometedora debido a su alto potencial de eficiencia y bajo costo de producción. En poco más de una década de investigación, las células solares de perovskita han alcanzado eficiencias superiores al 25% en laboratorio. Este rápido avance ha capturado la atención de científicos y la industria, ya que las perovskitas pueden ser fabricadas a temperaturas más bajas y con técnicas de deposición de solución, lo que reduce significativamente los costos de producción. Además, tienen la capacidad de ser aplicadas en sustratos flexibles, lo que abre posibilidades para aplicaciones novedosas como dispositivos portátiles y superficies curvas.

Sin embargo, a pesar de su gran potencial, las células solares de perovskita enfrentan desafíos importantes en términos de estabilidad y durabilidad. La exposición a la humedad, el oxígeno y la luz ultravioleta puede degradar rápidamente estos materiales, lo que limita su vida útil. La investigación actual se centra en mejorar la resistencia a la degradación y la encapsulación para aumentar su durabilidad. Los científicos están desarrollando nuevas técnicas y materiales de encapsulación que puedan proteger las perovskitas de los elementos, prolongando así su vida útil y haciendo que sean una opción viable para aplicaciones comerciales a largo plazo.

Las tecnologías de tercera generación también están en el centro de la investigación solar. Las células solares orgánicas (OPV) utilizan polímeros conductores y materiales orgánicos para absorber la luz solar. Son flexibles, ligeras y pueden ser producidas a bajo costo, lo que las hace atractivas para una variedad de aplicaciones. Sin embargo, su eficiencia y durabilidad aún son inferiores a las de las tecnologías basadas en silicio, lo que limita su adopción a gran escala. Los investigadores están trabajando para mejorar la eficiencia de las OPV y aumentar su vida útil mediante el desarrollo de nuevos materiales y técnicas de fabricación.

Las células solares de capa delgada, como el teluro de cadmio (CdTe) y el seleniuro de cobre, indio y galio (CIGS), ofrecen la ventaja de ser ligeras y flexibles, lo que las hace adecuadas para aplicaciones en superficies grandes y arquitectónicas. Estas células han logrado eficiencias competitivas y son particularmente útiles en situaciones donde el peso y la flexibilidad son cruciales. Las células solares de nanopartículas y puntos cuánticos están en las primeras etapas de desarrollo, pero prometen mejorar la eficiencia y reducir los costos mediante la manipulación de las propiedades electrónicas a escala nanométrica. Estas tecnologías emergentes tienen el potencial de revolucionar el campo de la energía solar, pero aún requieren mucha investigación y desarrollo antes de que puedan ser comercialmente viables.

Otra área prometedora de la tecnología fotovoltaica son las células solares de tandem. Estas células combinan dos o más materiales con diferentes bandas de absorción para capturar una mayor parte del espectro solar. Las combinaciones pueden incluir perovskitas con silicio o con otras perovskitas, logrando eficiencias superiores al 30% en laboratorio. Sin embargo, la integración de diferentes materiales y la gestión de la interconexión entre ellos son desafíos clave. Los avances en la ingeniería de materiales y las técnicas de fabricación están allanando el camino para la comercialización de estas tecnologías de alta eficiencia. Las células solares de tandem podrían proporcionar un salto significativo en la eficiencia de la conversión de energía solar, lo que las convierte en un área de investigación muy activa y prometedora.

Los avances en estructuras y diseño también están mejorando la eficiencia general de los sistemas fotovoltaicos. La integración de microinversores y optimizadores de potencia permite un rendimiento óptimo en condiciones de sombra parcial y variabilidad, lo que mejora la eficiencia y la producción de energía de los sistemas solares. Los sistemas de seguimiento solar, que ajustan la posición de los paneles para seguir la trayectoria del sol, están aumentando la producción de energía hasta en un 30%. Estos sistemas son especialmente efectivos en grandes instalaciones y parques solares, donde el aumento en la producción de energía puede justificar el costo adicional de la instalación de seguidores solares.

Concentración de Energía Solar (CSP)

La Concentración de Energía Solar (CSP) es una tecnología innovadora que utiliza espejos o lentes para concentrar una gran área de luz solar en un pequeño receptor. Esta energía solar concentrada se convierte en calor, que luego se utiliza para generar electricidad a través de una máquina térmica, generalmente una turbina de vapor, o para procesos industriales que requieren calor. Los sistemas CSP aprovechan la abundante energía del sol y la concentran para producir electricidad de manera eficiente y sostenible.

El principio de funcionamiento de los sistemas CSP se basa en la concentración de la luz solar. Utilizando espejos parabólicos, torres solares o reflectores lineales, estos sistemas enfocan la luz solar en un receptor específico. Este receptor absorbe la energía solar y la convierte en calor. Una vez que la luz solar se ha concentrado y convertido en calor, este calor se utiliza para calentar un fluido de trabajo, que puede ser agua, sales fundidas o aceite sintético. El fluido caliente produce vapor, que impulsa una turbina conectada a un generador eléctrico. Una de las ventajas más destacadas de los sistemas CSP es su capacidad para incorporar almacenamiento térmico. Este almacenamiento permite la generación de electricidad incluso cuando el sol no brilla, utilizando el calor almacenado en materiales como las sales fundidas. Esto asegura un suministro constante de electricidad durante la noche o en días nublados, aumentando la fiabilidad y la eficiencia del sistema.

Las aplicaciones actuales de la tecnología CSP son variadas y se implementan en diferentes tipos de plantas y sistemas. Las plantas de torre solar, por ejemplo, utilizan heliostatos, que son espejos planos o ligeramente curvados, para seguir al sol y concentrar su luz en la parte superior de una torre central. Un receptor en la torre recoge el calor, que luego se utiliza para generar electricidad. Un ejemplo destacado de esta tecnología es la Planta Solar de Ivanpah en California, una de las instalaciones CSP más grandes del mundo. Esta planta utiliza miles de heliostatos para concentrar la luz solar en tres torres, produciendo suficiente electricidad para abastecer a miles de hogares.

Otra aplicación común es la planta de reflector parabólico. Estos sistemas utilizan espejos parabólicos dispuestos en filas que concentran la luz solar en tubos receptores situados en el foco de los espejos. El calor recogido en los tubos se utiliza para generar vapor y producir electricidad. La Planta Solar Andasol en España es un ejemplo notable de esta tecnología. Con una capacidad de 150 MW, esta planta utiliza almacenamiento térmico de sales fundidas para proporcionar electricidad incluso cuando no hay sol, mejorando así la estabilidad de la red eléctrica.

Los sistemas de disco parabólico son otra tecnología CSP interesante. Utilizan espejos parabólicos en forma de plato para concentrar la luz solar en un receptor montado en el punto focal del plato. El calor generado se utiliza para accionar un motor Stirling o una microturbina, que produce electricidad. Estos sistemas son conocidos por su alta eficiencia y capacidad para operar de manera autónoma, lo que los hace ideales para aplicaciones descentralizadas o en áreas remotas.

Las plantas de canal parabólico son similares a los reflectores parabólicos pero utilizan espejos curvados en forma de canal para concentrar la luz solar en tubos receptores que contienen un fluido de transferencia de calor. Estas plantas son ampliamente utilizadas en aplicaciones industriales para generar vapor de proceso o electricidad. La tecnología de canal parabólico es particularmente eficiente y se puede implementar en una variedad de entornos industriales, proporcionando una fuente de energía limpia y sostenible.

La tecnología CSP ha avanzado significativamente en las últimas décadas, con mejoras continuas en eficiencia y reducciones en los costos. La investigación y el desarrollo en este campo han llevado a la implementación de sistemas más eficientes y fiables, capaces de proporcionar una cantidad considerable de energía limpia y reducir la dependencia de los combustibles fósiles. Las aplicaciones actuales de CSP no solo demuestran su viabilidad tecnológica, sino también su potencial para contribuir de manera significativa a la transición energética global. Con la continua inversión y el apoyo en investigación y desarrollo, la tecnología CSP está bien posicionada para desempeñar un papel crucial en el futuro del suministro energético mundial, proporcionando una fuente de energía sostenible y eficiente que puede satisfacer las necesidades energéticas crecientes de la población mundial.

Innovaciones Recientes y Futuros Desarrollos de la CSP

A medida que la tecnología de Concentración de Energía Solar (CSP) madura, continúan surgiendo innovaciones que mejoran su eficiencia, reducen costos y amplían sus aplicaciones. Estas innovaciones están impulsadas por la necesidad de hacer la energía solar más accesible y eficiente, adaptándose a las demandas crecientes de energía limpia en todo el mundo. Los materiales avanzados para receptores de alta temperatura están mejorando la eficiencia de conversión térmica y la durabilidad de los sistemas CSP. La investigación en nuevos materiales, como los cerámicos y los recubrimientos selectivos, está diseñada para soportar temperaturas extremas y reducir las pérdidas de calor, lo que se traduce en una mayor eficiencia y vida útil de los receptores.

El diseño de los espejos también ha visto avances significativos. Los espejos de próxima generación, fabricados con materiales más ligeros y técnicas de producción avanzadas, están mejorando la precisión de la concentración solar y reduciendo los costos de instalación y mantenimiento. Estos espejos, recubiertos con materiales de alta reflectividad y durabilidad, están incrementando la eficiencia óptica de los sistemas CSP, permitiendo una mayor captación de luz solar y, por ende, una mayor generación de calor y electricidad.

Uno de los desarrollos más prometedores en el campo de CSP es el avance en almacenamiento térmico. La utilización de sales fundidas como medio de almacenamiento térmico se está convirtiendo en una opción popular debido a su alta capacidad de almacenamiento y su capacidad para operar a temperaturas elevadas. Esto permite una mayor eficiencia en la generación de electricidad y una capacidad de almacenamiento más prolongada, lo que es crucial para proporcionar energía constante incluso cuando el sol no está brillando. Además, la investigación en almacenamiento térmico avanzado incluye el desarrollo de materiales de cambio de fase (PCM) y tecnologías de almacenamiento termoclínico, que tienen el potencial de aumentar la densidad de almacenamiento y mejorar la eficiencia térmica.

La integración de CSP con otras tecnologías también está abriendo nuevas oportunidades. La combinación de sistemas CSP con plantas solares fotovoltaicas (PV) permite aprovechar las ventajas de ambas tecnologías. Mientras que los sistemas PV generan electricidad directamente a partir de la luz solar, los sistemas CSP con almacenamiento térmico pueden proporcionar energía durante los períodos en que la generación PV disminuye, creando un suministro de energía más equilibrado y fiable. Además, algunos desarrollos están explorando la integración de CSP con plantas de energía fósil para mejorar la eficiencia general y reducir las emisiones. En estos sistemas híbridos, el calor generado por CSP puede ser utilizado para complementar el calor de los combustibles fósiles, reduciendo la dependencia de los combustibles convencionales y disminuyendo la huella de carbono.

Los desarrollos en sistemas CSP a pequeña escala están haciendo posible su implementación en aplicaciones descentralizadas y fuera de la red. Estos sistemas pueden proporcionar electricidad y calor a comunidades rurales, instalaciones industriales y otros usuarios en ubicaciones remotas, donde el acceso a la energía convencional es limitado o costoso. Además, la utilización de CSP para procesos industriales que requieren calor de alta temperatura, como la desalinización, la producción de hidrógeno y la industria química, está expandiendo las aplicaciones de esta tecnología más allá de la generación de electricidad. Estas aplicaciones industriales están demostrando que CSP no solo es viable para la producción de energía, sino también como una fuente de calor sostenible para diversas industrias.

La inteligencia artificial (IA) y los sistemas de control avanzados están jugando un papel crucial en la optimización del rendimiento de las plantas CSP. La integración de IA permite mejorar la precisión del seguimiento solar, prever el rendimiento del sistema y gestionar el almacenamiento térmico de manera más eficiente. Los algoritmos de IA pueden analizar grandes cantidades de datos en tiempo real para ajustar los espejos y optimizar la captación de luz solar, lo que maximiza la generación de energía. Además, la utilización de técnicas de mantenimiento predictivo basadas en datos está mejorando la fiabilidad y reduciendo los costos operativos de las plantas CSP. Los sensores y el análisis de datos en tiempo real permiten la detección temprana de fallos y la optimización del mantenimiento, asegurando que las plantas CSP operen de manera eficiente y con el mínimo tiempo de inactividad.

En el futuro, se espera que estas innovaciones continúen avanzando, haciendo que la tecnología CSP sea aún más eficiente y accesible. A medida que los costos disminuyen y la eficiencia mejora, CSP tiene el potencial de desempeñar un papel crucial en la transición hacia una economía de energía limpia y resiliente. La combinación de materiales avanzados, almacenamiento térmico eficiente y tecnologías de inteligencia artificial está posicionando a CSP como una tecnología clave para enfrentar los desafíos energéticos del futuro y contribuir significativamente a la reducción de emisiones y la sostenibilidad global.

Integración y Optimización

La integración de la energía solar en la red eléctrica es esencial para maximizar su potencial y garantizar un suministro de electricidad estable y fiable. A medida que la proporción de energía solar en el mix energético global aumenta, se han desarrollado diversos métodos y estrategias para facilitar su incorporación en las redes eléctricas existentes. Los inversores inteligentes juegan un papel crucial en este proceso. Estos dispositivos convierten la corriente continua (DC) generada por los paneles solares en corriente alterna (AC) compatible con la red eléctrica. Además de realizar esta conversión, los inversores inteligentes avanzados regulan la frecuencia y el voltaje y proporcionan servicios auxiliares a la red. Pueden responder rápidamente a las fluctuaciones en la generación de energía solar, ayudando a mantener la estabilidad de la red. También permiten la monitorización en tiempo real y el control remoto, mejorando la gestión y el rendimiento del sistema.

Los sistemas de almacenamiento de energía son otra pieza clave en la integración de la energía solar. Las baterías de iones de litio, por ejemplo, permiten almacenar el exceso de energía generada durante las horas de máxima insolación y liberarla cuando la demanda es alta o la generación solar es baja. Esto no solo mejora la fiabilidad y la estabilidad de la red, sino que también permite una mayor penetración de energía solar. El almacenamiento de energía puede proporcionar servicios auxiliares como el control de frecuencia y el apoyo de reserva, lo que contribuye a un sistema eléctrico más robusto y adaptable.

Las redes inteligentes, o smart grids, representan una evolución significativa en la gestión de la energía. Estas redes utilizan tecnologías de comunicación y automatización avanzadas para mejorar la eficiencia, la fiabilidad y la sostenibilidad del suministro eléctrico. Pueden gestionar activamente la generación y el consumo de energía, así como integrar fuentes de energía distribuida como la solar. Las redes inteligentes permiten una gestión dinámica y en tiempo real de la energía solar, optimizando su uso y minimizando el impacto de la intermitencia. También facilitan la detección y respuesta rápida a fallos, mejorando la resiliencia de la red y asegurando un suministro constante de electricidad.

Las microrredes, o microgrids, son sistemas de energía independientes que pueden operar de manera autónoma o conectarse a la red principal. Incluyen generación de energía local, como solar, almacenamiento y control inteligente. Las microrredes mejoran la fiabilidad del suministro eléctrico en áreas remotas o críticas y permiten una mayor integración de energía solar a nivel local. También pueden funcionar como respaldo en caso de fallos en la red principal, proporcionando una solución flexible y resistente para la gestión energética.

Los modelos de predicción y gestión de la demanda utilizan datos meteorológicos y algoritmos avanzados para prever la generación solar y gestionar la demanda de electricidad de manera eficiente. La predicción precisa de la generación solar y la gestión activa de la demanda ayudan a equilibrar la oferta y la demanda, reduciendo la necesidad de energía de respaldo y mejorando la estabilidad de la red. Estos modelos permiten anticipar variaciones en la generación de energía y ajustar el consumo en consecuencia, optimizando el uso de los recursos disponibles.

La optimización de la integración de energía solar en la red eléctrica se apoya en herramientas de software avanzadas y técnicas de gestión que mejoran la eficiencia y la fiabilidad del sistema energético. Los sistemas de gestión de energía (EMS) supervisan, controlan y optimizan el rendimiento de los sistemas de energía solar y su interacción con la red. EMS permite la gestión en tiempo real de la generación y el consumo de energía, mejorando la eficiencia operativa y reduciendo los costos. También facilita la integración de almacenamiento de energía y la respuesta a la demanda, asegurando un uso óptimo de la energía generada.

Las plataformas de gestión de red distribuida (DERMS) coordinan y optimizan el uso de múltiples fuentes de energía distribuida, incluidas las instalaciones solares, almacenamiento de energía y otros recursos. DERMS mejora la visibilidad y el control de los recursos distribuidos, optimizando su uso y garantizando una integración armoniosa en la red. Esto facilita la respuesta rápida a las variaciones de la oferta y la demanda, manteniendo la estabilidad del sistema energético.

Los modelos de optimización y simulación utilizan algoritmos avanzados para planificar y gestionar la operación de los sistemas de energía solar y su integración en la red. Estos modelos pueden identificar las estrategias óptimas para maximizar la eficiencia y la rentabilidad de los sistemas solares, así como minimizar los costos de integración y operación. Las simulaciones permiten prever y mitigar los posibles impactos en la red, asegurando que los sistemas solares funcionen de manera eficiente y sin interrupciones.

Las tecnologías de monitoreo y análisis de datos recopilan y analizan información en tiempo real sobre el rendimiento de los sistemas solares y la condición de la red. La recopilación de datos detallados y su análisis permiten una mejor toma de decisiones y una gestión proactiva de los sistemas de energía solar. Los datos pueden utilizarse para identificar tendencias, optimizar el mantenimiento y mejorar la fiabilidad del sistema, asegurando un rendimiento óptimo y duradero.

La inteligencia artificial (IA) y el aprendizaje automático (ML) se aplican para optimizar la gestión de la energía solar, mejorar las predicciones de generación y consumo, y desarrollar estrategias de control avanzadas. La IA y el ML permiten una adaptación continua y dinámica a las condiciones cambiantes, mejorando la eficiencia y la estabilidad del sistema energético. Estas tecnologías también pueden identificar patrones y anomalías, mejorando la resiliencia y la respuesta ante fallos, lo que contribuye a un sistema energético más robusto y eficiente.

Los algoritmos de control avanzados gestionan la generación, el almacenamiento y el consumo de energía solar para maximizar la eficiencia y la fiabilidad del sistema. Los algoritmos de control pueden equilibrar automáticamente la oferta y la demanda, optimizar el uso del almacenamiento de energía y coordinar la respuesta a la demanda, mejorando la estabilidad y la rentabilidad del sistema. Estos algoritmos aseguran que la energía solar se utilice de manera efectiva, minimizando el desperdicio y maximizando los beneficios para la red eléctrica y los consumidores.

La integración y optimización de la energía solar en la red eléctrica son procesos complejos pero esenciales para el desarrollo de un sistema energético sostenible y eficiente. A través de métodos avanzados de integración, herramientas de software y técnicas de optimización, es posible gestionar de manera efectiva la intermitencia de la energía solar y aprovechar al máximo sus beneficios. Con la continua evolución de estas tecnologías, la energía solar seguirá desempeñando un papel clave en la transición hacia un futuro energético sostenible. La combinación de innovación tecnológica, planificación estratégica y gestión eficiente está transformando la manera en que la energía solar se integra en la red, ofreciendo soluciones avanzadas y sostenibles para los desafíos energéticos del futuro.

Capítulo 2: Innovaciones en Energía Eólica

Aerogeneradores Terrestres

Los aerogeneradores terrestres han evolucionado significativamente desde sus primeros diseños, gracias a los avances tecnológicos que han mejorado su eficiencia, fiabilidad y capacidad de generación. Estos avances han permitido que la energía eólica se convierta en una de las principales fuentes de energía renovable en todo el mundo. Uno de los avances más importantes ha sido el diseño de palas. Los avances en materiales compuestos, como la fibra de carbono y la fibra de vidrio, han permitido la creación de palas más largas y ligeras. Las palas más largas pueden captar más energía del viento, aumentando la capacidad de generación de las turbinas. Además, las mejoras en la aerodinámica de las palas han reducido la resistencia y aumentado la eficiencia. Las formas de las palas se han optimizado utilizando técnicas avanzadas de modelado y simulación para maximizar la captura de energía y minimizar el desgaste.

La altura de los mástiles también ha experimentado importantes mejoras. Las torres de los aerogeneradores se han vuelto más altas para acceder a corrientes de viento más fuertes y constantes que se encuentran a mayores altitudes. Las torres más altas también permiten el uso de palas más largas, mejorando aún más la eficiencia. El uso de materiales de alta resistencia y técnicas de construcción avanzadas ha permitido la construcción de torres más altas y robustas, capaces de soportar las cargas adicionales. Estos avances han permitido que las turbinas eólicas terrestres sean más productivas y eficientes en la generación de electricidad.

La tecnología de generadores también ha avanzado considerablemente. Los generadores de imán permanente han mejorado la eficiencia y la fiabilidad de las turbinas, ya que eliminan la necesidad de un sistema de excitación externo y reducen las pérdidas mecánicas y eléctricas. Además, los sistemas de transmisión directa, que eliminan la caja de engranajes, han mejorado la fiabilidad y reducido los costos de mantenimiento. Estos sistemas también son más silenciosos y tienen una vida útil más larga, lo que los hace más atractivos para las comunidades cercanas a los parques eólicos.

El control y monitoreo de las turbinas eólicas ha mejorado con la implementación de sistemas avanzados. Los sistemas de control avanzados utilizan algoritmos sofisticados para optimizar el ángulo de las palas y la orientación de la turbina en tiempo real, maximizando la captura de energía y protegiendo la turbina de condiciones adversas. Además, los sistemas de monitoreo en tiempo real recopilan datos sobre el rendimiento y el estado de las turbinas, permitiendo una gestión proactiva y el mantenimiento predictivo. Esto reduce el tiempo de inactividad y mejora la eficiencia operativa, asegurando que las turbinas funcionen de manera óptima.

La reducción del impacto ambiental es otro aspecto crucial en el diseño de aerogeneradores terrestres. Las innovaciones en el diseño de las palas han reducido el ruido generado por las turbinas, haciendo que sean más aceptables para las comunidades cercanas. Además, se han desarrollado tecnologías y estrategias para minimizar el impacto de las turbinas en la vida silvestre, como los sistemas de detección y disuasión de aves y murciélagos. Estos esfuerzos han ayudado a equilibrar la necesidad de energía renovable con la protección del medio ambiente.

La implementación exitosa de aerogeneradores terrestres en diversas partes del mundo ha demostrado su viabilidad y eficacia como fuente de energía renovable. El Parque Eólico de Gansu en China, por ejemplo, es uno de los proyectos eólicos más grandes del mundo, con una capacidad instalada de más de 10 GW. Este proyecto ha contribuido significativamente a la reducción de las emisiones de carbono en la región y ha ayudado a diversificar la matriz energética de China. Además, ha impulsado el desarrollo económico local y la creación de empleo.

El Alta Wind Energy Center (AWEC) en California, Estados Unidos, es otro ejemplo notable. Ubicado en Tehachapi, este parque eólico es uno de los mayores en tierra del mundo, con una capacidad instalada de aproximadamente 1.5 GW. AWEC ha sido fundamental para proporcionar energía limpia a la red eléctrica de California, ayudando al estado a alcanzar sus objetivos de energía renovable. El proyecto también ha generado empleo y ha proporcionado beneficios económicos a la comunidad local.

En Australia, el Parque Eólico de Hornsdale es conocido por su combinación con la Hornsdale Power Reserve, la batería de iones de litio más grande del mundo, construida por Tesla. Con una capacidad instalada de 315 MW, este proyecto ha mejorado la fiabilidad y la estabilidad de la red eléctrica en Australia del Sur. La combinación de generación eólica y almacenamiento en baterías ha reducido las emisiones de carbono y ha ayudado a mitigar los cortes de energía en la región.

Otro proyecto destacado en Estados Unidos es Alta Farms, ubicado en Illinois, con una capacidad instalada de

200 MW. Este proyecto utiliza aerogeneradores avanzados que maximizan la captura de energía en una región con vientos moderados. Alta Farms ha proporcionado energía limpia y renovable a miles de hogares en Illinois, contribuyendo a la reducción de las emisiones de carbono y al cumplimiento de los objetivos de energía renovable del estado.

El Parque Eólico de Roscoe, situado en el oeste de Texas, es uno de los mayores parques eólicos del mundo, con una capacidad instalada de 781.5 MW. Este proyecto consta de más de 600 aerogeneradores distribuidos en una amplia área. Roscoe ha sido un pionero en la integración de energía eólica a gran escala en la red eléctrica de Texas. El proyecto ha ayudado a estabilizar los precios de la electricidad y ha proporcionado importantes beneficios económicos a la comunidad local.

En India, el Parque Eólico de Jaisalmer, ubicado en el estado de Rajastán, tiene una capacidad instalada de aproximadamente 1.6 GW. Este proyecto se encuentra en una región desértica y aprovecha los fuertes vientos para generar electricidad. El parque eólico de Jaisalmer ha desempeñado un papel crucial en la expansión de la capacidad de energía renovable de India y en la reducción de su dependencia de los combustibles fósiles. Además, ha generado empleo y desarrollo en una región rural, mejorando la calidad de vida de sus habitantes.

Los avances en el diseño y la eficiencia de los aerogeneradores terrestres han mejorado significativamente su viabilidad y atractivo como fuente de energía renovable. Los proyectos exitosos en todo el mundo demuestran el potencial de la energía eólica terrestre para contribuir a la reducción de las emisiones de carbono, mejorar la seguridad energética y proporcionar beneficios económicos y sociales a las comunidades. Con la continua innovación y el apoyo de políticas favorables, los aerogeneradores terrestres seguirán desempeñando un papel crucial en la transición hacia un futuro energético sostenible..

Energía Eólica Marina

La energía eólica marina ha emergido como una solución poderosa para la generación de electricidad limpia y sostenible. Ubicadas en áreas con fuertes vientos constantes, las instalaciones eólicas marinas pueden aprovechar recursos eólicos más abundantes y confiables que sus contrapartes terrestres. Las turbinas de gran escala, típicas de los proyectos offshore, son generalmente más grandes y potentes que las terrestres, con capacidades que superan los 10 MW por unidad. Modelos recientes, como la Haliade-X de General Electric, pueden alcanzar hasta 14 MW. Estas turbinas están diseñadas para resistir condiciones ambientales adversas, como fuertes vientos, corrosión por agua salada y oleaje intenso, utilizando materiales avanzados, incluidos compuestos y aceros especiales, para garantizar su durabilidad y fiabilidad.

Las fundaciones y soportes de las turbinas marinas también han avanzado significativamente. Las estructuras de soporte más comunes incluyen monopilotes, grandes columnas de acero hincadas en el lecho marino, y jackets, estructuras de celosía de acero fijadas al fondo marino. Estas estructuras proporcionan estabilidad y soporte para las turbinas en aguas relativamente poco profundas. Sin embargo, en aguas profundas, donde las estructuras fijas no son viables, las plataformas flotantes han emergido como una solución innovadora. Estas plataformas ancladas al fondo marino permiten la instalación de turbinas en aguas de más de 60 metros de profundidad, ampliando significativamente el potencial de ubicación de los parques eólicos marinos.

La transmisión de electricidad desde los parques eólicos marinos a la costa se realiza a través de cables submarinos diseñados para manejar grandes capacidades de transmisión y resistir las condiciones submarinas. Las subestaciones marinas concentran y transforman la electricidad generada antes de enviarla a tierra, optimizando la eficiencia de transmisión y reduciendo las pérdidas de energía. La tecnología de instalación y mantenimiento de estas instalaciones también ha avanzado, utilizando buques especializados capaces de transportar y ensamblar componentes gigantes en alta mar. Estos buques están equipados con grúas de alta capacidad y sistemas de posicionamiento dinámico. Además, los drones y robots submarinos están revolucionando las inspecciones y el mantenimiento, permitiendo la monitorización en tiempo real y la realización de tareas sin necesidad de intervención humana directa.

La energía eólica marina enfrenta una serie de desafíos únicos debido a su entorno operativo. Las turbinas marinas deben soportar vientos fuertes, olas altas y corrosión por agua salada, factores que pueden acelerar el desgaste y los daños a los equipos. Para superar estos desafíos, se utilizan materiales resistentes a la corrosión y recubrimientos protectores que mejoran la durabilidad de las turbinas. Además, los diseños estructurales robustos y las técnicas avanzadas de anclaje aseguran la estabilidad en condiciones adversas. Los costos de instalación y mantenimiento de parques eólicos marinos son significativamente más altos que los de las instalaciones terrestres debido a las condiciones marítimas y la logística involucrada. Sin embargo, la economía de escala y las innovaciones tecnológicas están reduciendo estos costos. La adopción de buques de instalación especializados, drones para inspección y robots submarinos para mantenimiento está mejorando la eficiencia y reduciendo los gastos operativos.

La construcción y operación de parques eólicos marinos pueden afectar la vida marina, las aves y las actividades de pesca, y también pueden enfrentar oposición de las comunidades locales y de las industrias marítimas. Para minimizar estos efectos, se realizan estudios de impacto ambiental detallados y se implementan medidas de mitigación. La colaboración con las comunidades locales y las partes interesadas, así como el diseño cuidadoso de los parques eólicos para evitar áreas sensibles, son cruciales para la aceptación social. La transmisión de electricidad desde parques eólicos marinos a la red terrestre requiere infraestructura de cables submarinos y subestaciones marinas, lo que puede ser complejo y costoso. Sin embargo, la innovación en tecnologías de cables de alta capacidad y subestaciones flotantes está mejorando la eficiencia de la transmisión. Los avances en la integración de redes y la planificación estratégica de la infraestructura también están ayudando a superar estos desafíos.

La variabilidad del viento puede afectar la consistencia de la generación de energía eólica marina, planteando desafíos para la estabilidad de la red. La integración de sistemas de almacenamiento de energía, como baterías de gran capacidad, y la implementación de sistemas de gestión de la red inteligente ayudan a equilibrar la oferta y la demanda. Además, los parques eólicos marinos suelen ubicarse en áreas con vientos más constantes y predecibles, lo que mejora la fiabilidad.

El Parque Eólico Hornsea One en el Reino Unido es un ejemplo destacado de éxito en la energía eólica marina. Ubicado en el Mar del Norte frente a la costa de Yorkshire, Hornsea One es el parque eólico marino más grande del mundo, con una capacidad instalada de 1.2 GW. Este parque proporciona electricidad a más de un millón de hogares en el Reino Unido y ha establecido nuevos estándares para la escala y la eficiencia de la energía eólica marina. En los Estados Unidos, el Parque Eólico Offshore de Block Island, ubicado frente a la costa de Rhode Island, es el primer parque eólico marino comercial del país, con una capacidad de 30 MW. Este proyecto ha demostrado la viabilidad de la energía eólica marina en los Estados Unidos y ha allanado el camino para futuros desarrollos en la región.

Otro proyecto innovador es el Parque Eólico Offshore de Hywind Scotland, en el Reino Unido. Este es el primer parque eólico flotante del mundo, con una capacidad instalada de 30 MW, ubicado frente a la costa de Escocia. Hywind Scotland ha demostrado el potencial de las tecnologías de plataformas flotantes, permitiendo la instalación de turbinas en aguas profundas y expandiendo el alcance geográfico de la energía eólica marina. El Parque Eólico Offshore de Walney Extension, también en el Reino Unido, con una capacidad instalada de 659 MW, es uno de los parques eólicos marinos más grandes del mundo, ubicado en el Mar de Irlanda. Este proyecto ha contribuido significativamente al suministro de energía limpia en el Reino Unido y ha demostrado la capacidad de las grandes instalaciones eólicas marinas para generar electricidad a escala.

Estos casos de éxito muestran cómo la energía eólica marina está transformando la generación de electricidad y estableciendo nuevos estándares en la industria. Con la innovación continua y el desarrollo de nuevas tecnologías, la energía eólica marina tiene el potencial de desempeñar un papel crucial en la transición hacia una energía más limpia y sostenible, aprovechando los vastos recursos eólicos disponibles en los mares del mundo..

Tecnologías Emergentes

Las tecnologías emergentes en el campo de la energía eólica están abriendo nuevas fronteras y oportunidades, especialmente en áreas donde las soluciones tradicionales enfrentan limitaciones. Entre estas innovaciones, los aerogeneradores flotantes destacan como una de las más prometedoras, pero también hay otras tecnologías en desarrollo que podrían transformar el paisaje de la energía eólica. Los aerogeneradores flotantes están diseñados para ser instalados en aguas profundas, donde los aerogeneradores tradicionales de fondo fijo no son viables. Estas turbinas se montan sobre plataformas flotantes que están ancladas al fondo marino con cables y lastres. Existen varios diseños de plataformas flotantes, incluidos los sistemas de semisumergibles, las plataformas de tensión anclada (TLP) y las plataformas tipo spar. Cada diseño tiene sus propias ventajas en términos de estabilidad, costos y facilidad de instalación. Se han desarrollado varios proyectos piloto y prototipos para demostrar la viabilidad de los aerogeneradores flotantes. Por ejemplo, Hywind Scotland, operado por Equinor, es el primer parque eólico flotante comercial del mundo y ha mostrado resultados prometedores en términos de eficiencia y estabilidad.

Las turbinas verticales de eje vertical (VAWT) presentan un diseño alternativo al de las turbinas de eje horizontal (HAWT). En lugar de tener palas que giran alrededor de un eje horizontal, las VAWT tienen palas que giran alrededor de un eje vertical. Las VAWT pueden capturar el viento desde cualquier dirección, lo que las hace especialmente útiles en áreas con vientos turbulentos o cambiantes. Además, su diseño compacto y su centro de gravedad más bajo pueden reducir los costos de instalación y mantenimiento. Estas turbinas se están desarrollando para aplicaciones urbanas, donde el espacio es limitado y los patrones de viento son más caóticos, así como para ubicaciones remotas y en alta mar.

Otra innovación prometedora son los aerogeneradores de gran altura, diseñados para aprovechar los vientos más fuertes y constantes que se encuentran a altitudes superiores. Utilizan globos, cometas o drones para elevar los generadores a cientos de metros sobre el suelo. Empresas como Makani, adquirida por Google, han estado desarrollando cometas equipadas con generadores que capturan energía eólica a gran altitud. Estas tecnologías están en fases experimentales, pero prometen una mayor eficiencia y capacidad de generación en comparación con las turbinas terrestres convencionales.

Las turbinas modulares y desmontables están diseñadas para ser fácilmente transportables e instalables en diversas ubicaciones. Estas turbinas pueden ser ensambladas y desmanteladas rápidamente, lo que las hace ideales para proyectos temporales o en áreas difíciles de alcanzar. Estas tecnologías son especialmente útiles para operaciones de emergencia, proyectos de desarrollo rural y situaciones en las que se requiere energía temporal pero fiable. La flexibilidad y portabilidad de estas turbinas permiten su rápida implementación, proporcionando una solución efectiva para satisfacer las necesidades energéticas en situaciones cambiantes.

Las tecnologías emergentes en la energía eólica presentan un gran potencial para transformar la generación de energía renovable y expandir significativamente el alcance y la capacidad de la energía eólica. Los aerogeneradores flotantes permiten la explotación de recursos eólicos en aguas profundas, donde los vientos son más fuertes y constantes. Esto podría desbloquear vastas áreas del océano para la generación de energía eólica, reduciendo la competencia por el espacio en tierra y en aguas costeras. Las turbinas de eje vertical y otras tecnologías compactas pueden ser instaladas en entornos urbanos y en comunidades remotas, proporcionando una fuente de energía renovable local y descentralizada.

La optimización aerodinámica de las palas y las estructuras de las turbinas está incrementando la eficiencia de captura de energía, reduciendo las pérdidas y mejorando la rentabilidad de los proyectos eólicos. La integración de tecnologías de almacenamiento de energía, como baterías avanzadas y sistemas de almacenamiento térmico, está mejorando la fiabilidad y la estabilidad de la generación eólica, permitiendo una mayor penetración de la energía eólica en la red. A medida que las tecnologías emergentes maduran y se implementan a mayor escala, los costos de producción, instalación y mantenimiento están disminuyendo. Las economías de escala y la estandarización de componentes contribuirán a hacer la energía eólica aún más competitiva.

El uso de nuevos materiales y técnicas de fabricación avanzadas está reduciendo los costos de las turbinas eólicas, mejorando su durabilidad y facilitando su transporte e instalación. La adopción masiva de tecnologías eólicas emergentes contribuirá significativamente a la reducción de emisiones de gases de efecto invernadero, apoyando los objetivos globales de descarbonización y mitigación del cambio climático. La energía eólica emergente se integrará cada vez más con otras fuentes de energía renovable, como la solar y el almacenamiento, creando sistemas energéticos híbridos que maximicen la eficiencia y la fiabilidad.

La expansión de la energía eólica emergente generará nuevas oportunidades de empleo en investigación, desarrollo, fabricación, instalación y mantenimiento. Las tecnologías eólicas descentralizadas pueden proporcionar acceso a energía limpia y asequible a comunidades remotas y en desarrollo, mejorando la calidad de vida y fomentando el desarrollo económico local. La continua innovación y la implementación de proyectos pioneros en el ámbito de la energía eólica están abriendo nuevas posibilidades y ampliando el potencial de la generación de energía renovable. Con el avance de estas tecnologías, se espera que la energía eólica juegue un papel crucial en la transición hacia un futuro energético más limpio, sostenible y equitativo.

Capítulo 3: Energías Renovables Emergentes

Energía Tidal

La energía tidal, o energía mareomotriz, aprovecha el movimiento de las mareas para generar electricidad. Este tipo de energía renovable se basa en la atracción gravitatoria que ejercen la Luna y el Sol sobre los océanos de la Tierra, lo que provoca variaciones en el nivel del mar conocidas como mareas. Las mareas son movimientos periódicos del nivel del mar causados por las fuerzas gravitatorias de la Luna y el Sol, y estas variaciones en el nivel del agua pueden ser predecibles y regulares, proporcionando una fuente de energía renovable constante. Las corrientes de marea, que son flujos de agua generados debido a las diferencias en el nivel del mar durante las mareas altas y bajas, pueden ser aprovechadas para generar electricidad mediante turbinas sumergidas.

Las turbinas de corriente de marea funcionan de manera similar a las turbinas eólicas, pero están sumergidas en el agua y son impulsadas por las corrientes de marea. Estas turbinas pueden ser de eje horizontal o vertical y están diseñadas para operar en condiciones submarinas difíciles, generando electricidad tanto en la marea entrante como en la saliente. Otra tecnología utilizada son las barreras de marea, estructuras similares a las presas que se construyen a través de una bahía o estuario. Estas barreras utilizan compuertas y turbinas para capturar y convertir la energía de las mareas en electricidad, controlando el flujo de agua para una generación de electricidad más estable y controlada.

Las lagunas de marea son cuerpos de agua artificiales creados al construir una barrera alrededor de una sección del mar. A medida que la marea sube y baja, el agua fluye dentro y fuera de la laguna a través de turbinas, generando electricidad. Estas lagunas tienen la ventaja de minimizar el impacto ambiental al no obstruir completamente los estuarios naturales. Los osciladores de columna de agua (OWC) son estructuras que utilizan el movimiento vertical de las mareas para generar electricidad. El flujo de agua de las mareas comprime y descomprime el aire en una cámara, lo que hace girar una turbina conectada a un generador.

La energía tidal ha sido objeto de varios proyectos piloto y estudios de caso en todo el mundo, demostrando la viabilidad técnica y económica de esta fuente de energía renovable, aunque todavía enfrenta desafíos para su implementación a gran escala. La Rance Tidal Power Station en Francia, inaugurada en 1966, es la planta de energía tidal más antigua y una de las más grandes del mundo. Ubicada en el estuario del río Rance en Bretaña, Francia, la planta tiene una capacidad instalada de 240 MW. La Rance ha demostrado la fiabilidad y la longevidad de la tecnología de barreras de marea, generando electricidad suficiente para abastecer a aproximadamente 130,000 hogares y contribuyendo significativamente a la reducción de emisiones de carbono en la región.

El proyecto MeyGen en Escocia, ubicado en el estrecho de Pentland Firth, es uno de los mayores proyectos de energía tidal en el mundo, con una capacidad instalada de 6 MW en su fase inicial y planes de expansión hasta 398 MW. MeyGen ha demostrado la viabilidad de las turbinas de corriente de marea en condiciones difíciles, generando valiosos datos sobre el rendimiento de las turbinas y contribuyendo al desarrollo de la industria de la energía tidal en el Reino Unido. El proyecto Swansea Bay Tidal Lagoon en el Reino Unido fue diseñado para ser la primera laguna de marea en el mundo, con una capacidad prevista de 320 MW. Aunque el proyecto no ha avanzado a la fase de construcción debido a desafíos financieros y regulatorios, ha generado un interés significativo en las lagunas de marea como una opción viable para la generación de energía renovable.

La planta de energía tidal de Sihwa Lake en Corea del Sur, inaugurada en 2011, es actualmente la mayor del mundo, con una capacidad instalada de 254 MW. La planta utiliza una barrera de marea construida en el lago Sihwa, en la costa oeste de Corea del Sur. La planta de Sihwa Lake ha demostrado la viabilidad de las barreras de marea a gran escala y ha proporcionado una fuente significativa de energía renovable en Corea del Sur, además de ayudar a mejorar la calidad del agua en el lago al controlar el flujo de agua. El proyecto Tidal Lagoon Power en el Reino Unido incluye la construcción de varias lagunas de marea alrededor de la costa británica, con cada laguna potencialmente generando entre 200 y 300 MW de electricidad. Aunque los proyectos están en diversas etapas de planificación y aprobación, representan un enfoque innovador para la generación de energía tidal, y si se implementan, podrían contribuir significativamente a los objetivos de energía renovable del Reino Unido y proporcionar lecciones valiosas para futuras instalaciones de lagunas de marea en todo el mundo.

Estos proyectos piloto y estudios de caso muestran cómo la energía tidal puede complementar otras tecnologías renovables, como la solar y la eólica, y aportar beneficios significativos al suministro energético global. A través de una combinación de tecnologías avanzadas y estrategias de implementación, la energía tidal tiene el potencial de convertirse en una parte integral de la matriz energética renovable, proporcionando una fuente constante y predecible de electricidad limpia y sostenible. Con el apoyo continuo en investigación y desarrollo, así como en políticas y financiación, la energía tidal puede superar sus desafíos actuales y jugar un papel importante en la transición hacia un futuro energético más limpio y sostenible.

Energía de Olas

La energía de las olas es una fuente prometedora de energía renovable que aprovecha el movimiento de las olas del océano para generar electricidad. Esta forma de energía se basa en la conversión de la energía cinética y potencial de las olas en electricidad, utilizando una variedad de tecnologías y dispositivos diseñados para capturar y transformar el movimiento del agua en energía utilizable. La energía de las olas tiene un enorme potencial debido a la vasta superficie de los océanos y la energía constante generada por el viento que sopla sobre el agua.

Existen varias tecnologías y dispositivos utilizados para capturar la energía de las olas, cada uno con sus propias características y aplicaciones específicas. Uno de los dispositivos más comunes es el convertidor de energía de las olas de punto de absorción. Estos dispositivos flotan en la superficie del agua y se mueven con las olas, utilizando ese movimiento para accionar generadores que producen electricidad. Los convertidores de punto de absorción pueden ser diseñados en diferentes formas, incluyendo boyas y plataformas flotantes, y son adecuados para una amplia variedad de condiciones oceánicas.

Otro tipo de tecnología es el oscilador de columna de agua (OWC), que utiliza el movimiento vertical de las olas para generar electricidad. Los OWC consisten en cámaras parcialmente sumergidas que capturan el aire comprimido y descomprimido por el movimiento de las olas. Este flujo de aire mueve una turbina conectada a un generador, produciendo electricidad. Los OWC pueden ser instalados en la costa, en estructuras de hormigón, o en plataformas flotantes en alta mar, ofreciendo flexibilidad en su implementación.

Los convertidores de energía de las olas de cuerpo oscilante son otra tecnología importante. Estos dispositivos consisten en múltiples secciones articuladas que flotan en la superficie del agua y se mueven con las olas. La articulación entre las secciones genera movimiento relativo, que se convierte en electricidad mediante generadores hidráulicos o mecánicos. Los convertidores de cuerpo oscilante pueden ser diseñados para adaptarse a diferentes condiciones oceánicas y son efectivos en la captura de la energía de las olas en alta mar.

Además de estas tecnologías, los convertidores de energía de las olas de atenuador y los dispositivos de sobrepaso también juegan un papel en la captación de la energía de las olas. Los atenuadores son dispositivos largos y flotantes que se alinean perpendicularmente a la dirección de las olas. A medida que las olas pasan a lo largo del atenuador, el dispositivo se flexiona y genera energía a través de sistemas hidráulicos o mecánicos. Los dispositivos de sobrepaso, por otro lado, capturan el agua de las olas en una estructura elevada y luego permiten que el agua fluya hacia abajo a través de una turbina para generar electricidad. Esta tecnología se asemeja al funcionamiento de una presa hidroeléctrica, pero utiliza el movimiento de las olas en lugar de un flujo de río constante.

A pesar del enorme potencial de la energía de las olas, existen varios desafíos que deben ser superados para su implementación a gran escala. Uno de los principales desafíos es la durabilidad y la fiabilidad de los dispositivos en el entorno marino. Las condiciones oceánicas son extremadamente duras, con olas altas, corrientes fuertes y agua salada corrosiva. Estos factores pueden causar un desgaste significativo en los dispositivos y requerir un mantenimiento frecuente y costoso. Además, los dispositivos de energía de las olas deben ser capaces de soportar condiciones extremas, como tormentas y marejadas ciclónicas, sin sufrir daños importantes.

Otro desafío importante es el costo de la instalación y el mantenimiento de los dispositivos de energía de las olas. Actualmente, la tecnología de energía de las olas es más costosa en comparación con otras fuentes de energía renovable, como la solar y la eólica. Los costos de fabricación, instalación y mantenimiento de los dispositivos pueden ser prohibitivamente altos, especialmente en las primeras etapas de desarrollo y despliegue. Sin embargo, se espera que los costos disminuyan a medida que la tecnología madure y se logren economías de escala.

Además, la integración de la energía de las olas en la red eléctrica presenta desafíos técnicos y de infraestructura. La generación de electricidad a partir de las olas puede ser variable y depende de las condiciones del mar, lo que puede dificultar la previsión y la gestión de la oferta de energía. Las infraestructuras existentes de transmisión y distribución pueden necesitar ser actualizadas o adaptadas para manejar la electricidad generada en ubicaciones costeras y remotas.

A pesar de estos desafíos, las perspectivas para la energía de las olas son prometedoras. La investigación y el desarrollo continuo están llevando a mejoras significativas en la eficiencia y la durabilidad de los dispositivos. Los avances en materiales y tecnologías de recubrimiento están ayudando a proteger los dispositivos de la corrosión y el desgaste, extendiendo su vida útil y reduciendo los costos de mantenimiento. Además, los esfuerzos para estandarizar los componentes y procesos de fabricación están ayudando a reducir los costos y acelerar el despliegue de la tecnología.

La colaboración entre el sector público y privado también está impulsando el desarrollo de la energía de las olas. Los gobiernos de varios países están proporcionando fondos y apoyo para proyectos de investigación y demostración, mientras que las empresas privadas están invirtiendo en el desarrollo de tecnologías y soluciones innovadoras. Esta colaboración está ayudando a superar los desafíos técnicos y económicos, y a promover la adopción de la energía de las olas como una fuente viable de energía renovable.

En el futuro, la energía de las olas tiene el potencial de desempeñar un papel importante en la transición hacia una matriz energética más sostenible. A medida que la tecnología continúe avanzando y los costos disminuyan, es probable que veamos una mayor adopción de dispositivos de energía de las olas en todo el mundo. Con su capacidad para proporcionar una fuente constante y predecible de electricidad, la energía de las olas puede complementar otras fuentes renovables y contribuir a la reducción de las emisiones de carbono y la dependencia de los combustibles fósiles.

Otras Fuentes de Energía

Además de las fuentes de energía renovable más comunes, como la solar, eólica y tidal, existen otras fuentes de energía que están ganando atención y desarrollo debido a su potencial para contribuir a un mix energético sostenible. Estas incluyen la energía geotérmica, la biomasa y otras fuentes innovadoras que ofrecen ventajas únicas y oportunidades para diversificar la generación de energía renovable.

Energía Geotérmica

La energía geotérmica es una fuente de energía renovable que aprovecha el calor interno de la Tierra, proveniente de la desintegración radiactiva de minerales y del calor residual del proceso de formación del planeta. Este calor se encuentra almacenado a diferentes profundidades y puede ser utilizado tanto para generar electricidad como para aplicaciones directas de calor. El funcionamiento de los sistemas geotérmicos se basa en la extracción de este calor del subsuelo y su conversión en energía utilizable.

El calor de la Tierra puede ser capturado y convertido en energía a través de varios tipos de sistemas de generación geotérmica. Los sistemas de vapor seco son uno de los métodos más antiguos y eficientes, utilizando vapor directamente extraído de reservorios geotérmicos para accionar turbinas generadoras de electricidad. Estos sistemas son relativamente simples y eficientes, ya que el vapor se encuentra a alta presión y temperatura, lo que permite una conversión directa de energía térmica en energía mecánica y luego en electricidad.

Otro tipo de sistema es el de vapor flash, que convierte el agua caliente extraída del subsuelo en vapor. Este método es particularmente útil en regiones donde el agua subterránea se encuentra a temperaturas extremadamente altas. El agua caliente es despresurizada de manera controlada para convertir una parte en vapor, que luego se utiliza para accionar las turbinas generadoras. Los sistemas de vapor flash son flexibles y pueden adaptarse a diversas condiciones geotérmicas, aprovechando al máximo los recursos disponibles.

Los sistemas de ciclo binario representan una tecnología más reciente y avanzada en la generación de energía geotérmica. En estos sistemas, se utiliza un fluido secundario con un punto de ebullición más bajo que el agua, como el isobutano o el isopentano. Este fluido se calienta mediante el calor geotérmico y se vaporiza, generando un ciclo de vapor que acciona las turbinas generadoras. Los sistemas de ciclo binario son especialmente útiles para aprovechamiento de recursos geotérmicos de baja y media temperatura, expandiendo las posibilidades de utilización de esta energía renovable.

La energía geotérmica tiene una amplia gama de aplicaciones, tanto en la generación de electricidad como en el suministro directo de calor. Las plantas geotérmicas pueden proporcionar una fuente constante y fiable de electricidad, contribuyendo significativamente a la estabilidad de la red eléctrica. Un ejemplo destacado es la planta geotérmica de The Geysers en California, el mayor complejo geotérmico del mundo, con una capacidad instalada de más de 1.5 GW. Esta planta utiliza vapor seco para generar electricidad, abasteciendo a miles de hogares y reduciendo la dependencia de combustibles fósiles.

La energía geotérmica también se utiliza en aplicaciones de calefacción directa. Este tipo de aplicaciones es común en regiones con abundantes recursos geotérmicos, como Islandia. En la ciudad de Reykjavik, la mayor parte de la calefacción doméstica se suministra mediante energía geotérmica. El calor extraído del subsuelo se utiliza para calentar agua que luego se distribuye a través de sistemas de calefacción centralizada, proporcionando una solución eficiente y sostenible para la calefacción urbana.

Los sistemas geotérmicos de baja temperatura tienen aplicaciones específicas en calefacción y refrigeración mediante bombas de calor geotérmicas. Estos sistemas son adecuados para edificios residenciales y comerciales y proporcionan una solución eficiente y sostenible para la gestión de la temperatura. Las bombas de calor geotérmicas aprovechan la temperatura relativamente constante del subsuelo para transferir calor hacia el interior de los edificios en invierno y extraerlo en verano. Esto permite una regulación eficiente de la temperatura interior, reduciendo el consumo de energía y las emisiones de carbono.

Además de su aplicación en la generación de electricidad y calefacción directa, la energía geotérmica tiene un gran potencial en otros sectores industriales. Por ejemplo, el calor geotérmico puede ser utilizado en procesos industriales que requieren altas temperaturas, como el secado de productos agrícolas, el calentamiento de invernaderos y diversas aplicaciones en la industria de alimentos y bebidas. Estas aplicaciones no solo aumentan la eficiencia energética de los procesos industriales, sino que también contribuyen a la sostenibilidad ambiental al reducir la dependencia de fuentes de energía no renovables.

El desarrollo de proyectos geotérmicos también tiene un impacto positivo en las economías locales, creando empleos y estimulando el desarrollo económico. La construcción y operación de plantas geotérmicas requieren una variedad de habilidades y servicios, desde la ingeniería y la construcción hasta el mantenimiento y la gestión operativa. Esto genera oportunidades de empleo en las comunidades locales y fomenta el crecimiento económico regional.

La energía geotérmica, con su capacidad para proporcionar una fuente constante y fiable de energía, tiene el potencial de desempeñar un papel crucial en la transición hacia un sistema energético más sostenible. A medida que la tecnología avanza y se desarrollan nuevas aplicaciones, es probable que veamos una expansión en el uso de la energía geotérmica en todo el mundo, aprovechando el calor interno de la Tierra para satisfacer una variedad de necesidades energéticas y contribuir a la reducción de las emisiones de carbono.

Biomasa

La biomasa es una fuente de energía renovable que aprovecha el material orgánico, incluyendo residuos agrícolas, forestales y urbanos, así como cultivos energéticos específicos, para generar energía. Este material orgánico, conocido como biomasa, puede ser convertido en energía mediante varios procesos que aprovechan sus propiedades químicas y físicas. Entre estos procesos se encuentran la combustión directa, la gasificación, la pirólisis y la digestión anaeróbica, cada uno con sus propias ventajas y aplicaciones específicas.

La combustión directa es uno de los métodos más comunes para convertir la biomasa en energía. Este proceso implica la quema de material orgánico para producir calor, que puede ser utilizado para generar vapor y accionar turbinas generadoras de electricidad. Las plantas de biomasa, como la planta de Drax en el Reino Unido, utilizan pellets de madera y otros residuos orgánicos para generar electricidad a gran escala. La planta de Drax es una de las mayores plantas de biomasa del mundo y ha demostrado la viabilidad de este método para producir electricidad de manera sostenible.

Otro método de conversión es la gasificación, que transforma la biomasa en un gas combustible mediante la aplicación de altas temperaturas en un ambiente controlado con una cantidad limitada de oxígeno. El gas producido, conocido como gas de síntesis o syngas, puede ser utilizado para generar electricidad, calor o como materia prima para la producción de biocombustibles y productos químicos. La gasificación es particularmente útil para convertir residuos de madera y otros materiales lignocelulósicos en energía aprovechable, proporcionando una alternativa limpia y eficiente a la combustión directa.

La pirólisis es un proceso que descompone la biomasa mediante el calentamiento en ausencia de oxígeno, produciendo un gas, un líquido (bioaceite) y un residuo sólido (biocarbón). El bioaceite puede ser refinado y utilizado como combustible líquido, mientras que el biocarbón puede ser empleado como enmienda del suelo para mejorar su fertilidad y capacidad de retención de agua. La pirólisis ofrece una forma versátil de aprovechar diferentes tipos de biomasa, especialmente aquellos con alto contenido de humedad, como residuos agrícolas y lodos de depuradora.

La digestión anaeróbica es un proceso biológico que convierte los residuos orgánicos en biogás mediante la acción de microorganismos en ausencia de oxígeno. El biogás, compuesto principalmente de metano y dióxido de carbono, puede ser utilizado para generar electricidad, calor o ser purificado para convertirse en biometano, un sustituto del gas natural. Un ejemplo destacado es la planta de biogás de Ludlow en el Reino Unido, que convierte residuos de alimentos en energía renovable y fertilizante, demostrando una forma eficiente de gestionar los residuos orgánicos y producir energía limpia.

La biomasa también puede ser utilizada para producir biocombustibles líquidos, como el bioetanol y el biodiesel, a partir de cultivos energéticos como la caña de azúcar, el maíz y la soja. El bioetanol se produce mediante la fermentación de azúcares presentes en los cultivos, mientras que el biodiesel se obtiene a partir de aceites vegetales y grasas animales mediante un proceso llamado transesterificación. Estos biocombustibles pueden ser utilizados en vehículos y maquinaria, proporcionando una alternativa renovable a los combustibles fósiles y ayudando a reducir las emisiones de gases de efecto invernadero.

La generación de electricidad a partir de biomasa es una aplicación importante que ha ganado popularidad en las últimas décadas. Las plantas de biomasa no solo ayudan a reducir la cantidad de residuos orgánicos que terminan en los vertederos, sino que también proporcionan una fuente de energía fiable y constante. Además, las plantas de biomasa pueden operar en sinergia con otras fuentes de energía renovable, como la solar y la eólica, para asegurar un suministro energético estable y diversificado.

La producción de biogás mediante digestión anaeróbica es otra aplicación clave de la biomasa, especialmente en el manejo de residuos orgánicos. Este proceso no solo produce energía renovable, sino que también genera digestato, un subproducto que puede ser utilizado como fertilizante orgánico, cerrando el ciclo de nutrientes y contribuyendo a la sostenibilidad agrícola. Las plantas de biogás son especialmente beneficiosas en áreas rurales y agrícolas, donde los residuos orgánicos son abundantes y la necesidad de energía y fertilizantes es alta.

En el campo de los biocombustibles líquidos, el desarrollo de tecnologías avanzadas para la producción de bioetanol y biodiesel ha abierto nuevas oportunidades para la diversificación energética. Los biocombustibles pueden ser integrados en las infraestructuras de transporte existentes, reduciendo la dependencia de los combustibles fósiles y disminuyendo las emisiones de carbono. Además, los avances en la biotecnología están permitiendo la utilización de materias primas no comestibles, como residuos agrícolas y algas, para la producción de biocombustibles, mejorando la sostenibilidad y la eficiencia de estos procesos.

Una iniciativa destacada en la producción de combustibles 100% renovables es la desarrollada por Repsol en su planta de Escombreras, España. Esta iniciativa representa un avance significativo hacia la sostenibilidad y la reducción de emisiones de carbono. Repsol ha implementado tecnologías avanzadas para producir biocombustibles de segunda generación a partir de residuos orgánicos y biomasa. Estos biocombustibles son capaces de sustituir completamente a los combustibles fósiles tradicionales en el transporte y otras aplicaciones energéticas.

La planta de Escombreras se centra en la producción de bioetanol y biodiesel a partir de materias primas sostenibles, como aceites vegetales usados, grasas animales y residuos agrícolas. Estos biocombustibles renovables no solo ayudan a reducir las emisiones de gases de efecto invernadero, sino que también contribuyen a la economía circular al valorizar residuos que de otro modo serían desechados. La planta de Escombreras es un ejemplo de cómo la innovación y la tecnología pueden transformar la producción de energía y hacerla más sostenible.

La biomasa, como fuente de energía renovable, presenta un gran potencial para contribuir a la reducción de emisiones de carbono y al desarrollo de una economía circular. A medida que las tecnologías de conversión avanzan y los costos de producción disminuyen, se espera que la biomasa juegue un papel cada vez más importante en la transición hacia un sistema energético más sostenible. Con su capacidad para aprovechar una amplia gama de materiales orgánicos y sus múltiples aplicaciones en la generación de electricidad, la producción de biogás y la elaboración de biocombustibles, la biomasa se posiciona como una opción viable y efectiva para abordar los desafíos energéticos y ambientales del futuro.

Otras Fuentes Innovadoras

La energía de las olas es una fuente renovable que aprovecha el movimiento constante de las olas del océano para generar electricidad. Este proceso utiliza dispositivos que pueden ser tanto flotantes como fijos, y operan a través de varios mecanismos, como el movimiento oscilante, el desplazamiento y la presión. Estos dispositivos convierten la energía cinética de las olas en energía eléctrica mediante sistemas que pueden incluir boyas oscilantes, columnas de agua oscilantes y otros diseños innovadores. Un ejemplo histórico de este tipo de tecnología fue la instalación de energía de las olas de Pelamis en Escocia. Aunque ya no está en operación, la tecnología de Pelamis ha tenido una influencia significativa en el desarrollo de nuevos dispositivos de energía de las olas. Otro proyecto notable es el Wave Hub en Cornwall, Reino Unido, que proporciona una infraestructura de prueba para la tecnología de energía de las olas, facilitando la investigación y el desarrollo de soluciones más eficientes y comercialmente viables.

La energía osmótica, también conocida como energía azul, se basa en la diferencia de salinidad entre el agua de mar y el agua dulce que se encuentran en las desembocaduras de los ríos. Este gradiente de salinidad crea una diferencia de presión osmótica que puede ser utilizada para generar electricidad mediante procesos como la ósmosis inversa. La planta de energía osmótica en Tofte,

Noruega, es un ejemplo destacado de esta tecnología en etapas experimentales. Aunque todavía se encuentra en una fase temprana de desarrollo, la planta ha demostrado el potencial de la energía osmótica para contribuir a la generación de electricidad. La investigación en este campo continúa, con el objetivo de mejorar la eficiencia y la viabilidad comercial de la tecnología, explorando nuevas formas de optimizar el proceso de generación y reducir los costos asociados.

La energía solar de concentración (CSP) es otra fuente innovadora de energía renovable que utiliza espejos o lentes para concentrar una gran área de luz solar en un pequeño receptor, donde la energía solar se convierte en calor. Este calor se utiliza para generar vapor, que a su vez impulsa una turbina para producir electricidad. Una de las ventajas de la tecnología CSP es su capacidad para incluir sistemas de almacenamiento térmico, lo que permite la generación de electricidad incluso después de la puesta del sol. Esto hace que la energía CSP sea una opción viable y fiable para proporcionar electricidad constante. Un ejemplo destacado de un proyecto de CSP es la planta de Noor en Marruecos, una de las mayores instalaciones de este tipo en el mundo. La planta de Noor ha demostrado cómo la energía solar de concentración puede proporcionar una fuente de energía renovable y fiable a gran escala, ayudando a reducir la dependencia de los combustibles fósiles y contribuyendo a la sostenibilidad energética.

Estas fuentes innovadoras de energía, aunque en diferentes etapas de desarrollo y despliegue, representan importantes avances en la diversificación y sostenibilidad de la matriz energética global. La energía de las olas, la energía osmótica y la energía solar de concentración no solo ofrecen nuevas formas de generar electricidad limpia, sino que también amplían las posibilidades de aprovechamiento de los recursos naturales disponibles en diferentes entornos geográficos. La investigación y el desarrollo continuo en estos campos son esenciales para mejorar la eficiencia, reducir los costos y superar los desafíos técnicos que aún existen, facilitando una transición más rápida hacia un futuro energético sostenible.

Potencial y Perspectivas Futuras

Las fuentes de energía renovable emergentes tienen un enorme potencial para complementar las tecnologías más establecidas y contribuir a un mix energético más diversificado y sostenible. La energía geotérmica es una de estas fuentes con grandes perspectivas de expansión global. Los recursos geotérmicos están disponibles en muchas regiones del mundo, especialmente en áreas con alta actividad geotérmica como el Cinturón de Fuego del Pacífico, que abarca países como Japón, Indonesia,

Filipinas y Nueva Zelanda. Estos recursos permiten la generación de electricidad y el suministro de calor de manera constante y fiable. Además, las innovaciones tecnológicas están impulsando el acceso a recursos geotérmicos más profundos. Avances en técnicas de perforación y exploración están haciendo posible la implementación de sistemas de energía geotérmica mejorada (EGS), que permiten aprovechar recursos geotérmicos en áreas donde antes no era viable.

La biomasa, por su parte, ofrece una forma sostenible de gestionar residuos orgánicos y convertirlos en energía útil. Este proceso no solo reduce la cantidad de residuos que terminan en vertederos, sino que también proporciona una fuente de energía renovable que puede ser utilizada para generar electricidad, calor y biocombustibles. La mejora de la eficiencia de los procesos de conversión, como la combustión directa, la gasificación, la pirólisis y la digestión anaeróbica, está aumentando la viabilidad económica y ambiental de la biomasa. La optimización de la producción de cultivos energéticos, como el maíz y la caña de azúcar, también está contribuyendo a este aumento de la eficiencia. Además, la biomasa juega un papel crucial en la economía circular, cerrando ciclos de nutrientes y energía mediante la conversión de residuos en recursos valiosos, como fertilizantes y biocombustibles, fomentando así una gestión más sostenible de los recursos.

Las otras fuentes innovadoras de energía, como la energía de las olas y la energía osmótica, están avanzando desde la fase experimental hacia la comercialización. La energía de las olas, que utiliza el movimiento constante de las olas del océano para generar electricidad, está siendo probada en proyectos piloto como el Wave Hub en Cornwall, Reino Unido, y la instalación de Pelamis en Escocia. Estos proyectos están demostrando la viabilidad de la tecnología y atrayendo inversiones para su desarrollo a gran escala. La energía osmótica, también conocida como energía azul, que se basa en la diferencia de salinidad entre el agua de mar y el agua dulce, está en una etapa experimental, pero la planta de energía osmótica en Tofte, Noruega, ha mostrado su potencial. La investigación continua y los proyectos piloto exitosos son esenciales para mejorar la eficiencia de estas tecnologías y hacerlas comercialmente viables.

Integrar estas fuentes innovadoras con otras tecnologías renovables puede mejorar la estabilidad y la fiabilidad del suministro de energía. La combinación de diferentes fuentes de energía renovable permite crear un sistema energético más robusto y resiliente, capaz de adaptarse a variaciones en la disponibilidad de recursos energéticos. Por ejemplo, la energía solar y eólica pueden ser complementadas por la energía geotérmica y de biomasa, que ofrecen una generación de energía más constante. Además, la energía de las olas y la energía osmótica pueden integrarse en sistemas híbridos que optimicen el uso de los recursos disponibles.

La diversificación de las fuentes de energía renovable con tecnologías emergentes como la energía geotérmica, la biomasa y otras innovaciones es crucial para la transición hacia un futuro energético sostenible. Cada una de estas fuentes ofrece ventajas únicas y puede complementar las tecnologías más establecidas, ayudando a reducir las emisiones de carbono, mejorar la seguridad energética y promover el desarrollo económico sostenible. El continuo apoyo a la investigación y el desarrollo tecnológico, así como la implementación de proyectos piloto, son esenciales para demostrar la viabilidad de estas tecnologías y atraer inversiones. Con estos esfuerzos, las fuentes de energía emergentes tienen el potencial de desempeñar un papel cada vez más importante en el mix energético global, contribuyendo a un sistema energético más limpio, eficiente y resiliente.

Capítulo 4: Innovaciones en Almacenamiento y Gestión

Baterías Avanzadas

Las baterías avanzadas están desempeñando un papel crucial en la transición hacia un futuro energético sostenible al proporcionar soluciones de almacenamiento de energía que mejoran la fiabilidad y la eficiencia de las fuentes de energía renovable. Entre los tipos más destacados se encuentran las baterías de iones de litio, conocidas por su alta densidad de energía, larga vida útil y eficiencia de carga y descarga. Estas baterías son ampliamente utilizadas en aplicaciones de almacenamiento de energía, como vehículos eléctricos y sistemas de respaldo. Los avances recientes en la química de los electrodos y los electrolitos han mejorado la capacidad, la seguridad y la longevidad de las baterías de iones de litio, con innovaciones como los ánodos de silicio y los electrolitos sólidos que incrementan la densidad de energía y reducen el riesgo de incendios.

Las baterías de estado sólido, por su parte, utilizan electrolitos sólidos en lugar de líquidos, lo que aumenta la seguridad y la densidad de energía. Estas baterías prometen una mayor estabilidad térmica y química. La investigación actual se centra en encontrar materiales adecuados para los electrolitos sólidos que sean estables y conductores, mientras que las mejoras en la interfaz entre el electrolito y los electrodos están reduciendo la resistencia interna y aumentando la eficiencia. Las baterías de flujo redox, que almacenan energía en soluciones electrolíticas contenidas en tanques externos, también están viendo desarrollos significativos. La energía se genera cuando los electrolitos fluyen a través de una celda electroquímica que convierte la energía química en electricidad. Los desarrollos recientes en la química de los electrolitos y los diseños de celdas están aumentando la eficiencia y la capacidad de estas baterías, con investigaciones enfocadas en materiales como el vanadio y el zinc-bromo, que ofrecen mayores densidades de energía y menores costos.

Las baterías de sodio-ion, que utilizan sodio en lugar de litio, presentan una alternativa más asequible y sostenible debido a la abundancia de sodio. Aunque tienen una menor densidad de energía comparada con las baterías de litio, su coste reducido y sostenibilidad las hacen atractivas. Los avances en materiales de electrodos y electrolitos han mejorado la capacidad y la eficiencia de las baterías de sodio-ion, con investigaciones recientes abordando desafíos relacionados con la estabilidad a largo plazo y la ciclabilidad. Por otro lado, las baterías de ion de litio-fósforo (LFP) son conocidas por su alta estabilidad térmica y seguridad, teniendo una vida útil más larga y una menor degradación en comparación con otras químicas de litio. La optimización de los procesos de fabricación y los avances en los materiales de electrodos están aumentando la densidad de energía y reduciendo los costos de las baterías LFP, haciéndolas más competitivas para aplicaciones de almacenamiento a gran escala.

Las baterías avanzadas están siendo implementadas en una variedad de proyectos y aplicaciones que demuestran su capacidad para mejorar la eficiencia y la fiabilidad del suministro de energía renovable. Por ejemplo, la Hornsdale Power Reserve en Australia, conocida como la "batería Tesla de Australia del Sur", utiliza baterías de iones de litio con una capacidad de 150 MW/194 MWh. Esta instalación ha mejorado significativamente la estabilidad y fiabilidad de la red eléctrica en Australia del Sur, reduciendo los cortes de energía y los costos de regulación de frecuencia. Además, ha demostrado la viabilidad de las baterías de iones de litio para aplicaciones de almacenamiento a gran escala.

En China, se está desarrollando una de las mayores instalaciones de baterías de flujo redox del mundo en Dalian, con una capacidad planificada de 200 MW/800 MWh utilizando baterías de flujo de vanadio. Este proyecto tiene como objetivo proporcionar un almacenamiento de energía a gran escala para apoyar la integración de fuentes de energía renovable, mejorar la estabilidad de la red y reducir las emisiones de carbono. La capacidad de almacenamiento permitirá una mejor gestión de la variabilidad en la generación de energía renovable.

Japón está a la vanguardia del desarrollo de baterías de estado sólido, con empresas como Toyota y Panasonic liderando la investigación y desarrollo para aplicaciones en vehículos eléctricos y almacenamiento estacionario. Estas baterías prometen revolucionar la industria del almacenamiento de energía con su mayor densidad de energía y seguridad mejorada. Los proyectos piloto y las demostraciones están sentando las bases para la comercialización a gran escala y la adopción en diversas aplicaciones.

En Estados Unidos, el proyecto Moss Landing Energy Storage Facility en California, operado por Vistra Energy, es una de las mayores instalaciones de almacenamiento de energía del mundo, con una capacidad de 400 MW/1,600 MWh utilizando baterías de iones de litio. Este proyecto proporciona una capacidad significativa de almacenamiento de energía para apoyar la red eléctrica de California, facilitando la integración de energía solar y eólica. La instalación también mejora la fiabilidad de la red y ayuda a evitar cortes de energía durante los picos de demanda.

En Europa, específicamente en España, el proyecto GRESB ha desarrollado una instalación de almacenamiento de energía utilizando baterías de ion de litio-fósforo (LFP) con una capacidad de 100 MW/200 MWh. Este proyecto mejora la estabilidad de la red y la integración de energía renovable, reduciendo la dependencia de los combustibles fósiles y disminuyendo las emisiones de carbono. La elección de baterías LFP proporciona una solución segura y duradera para el almacenamiento de energía a gran escala.

Almacenamiento Térmico y Mecánico

El almacenamiento de energía es esencial para manejar la intermitencia y variabilidad de las fuentes de energía renovable como la solar y la eólica. Entre las diversas tecnologías de almacenamiento, las soluciones térmicas y mecánicas ofrecen métodos complementarios y eficaces para almacenar energía a gran escala. Una de las tecnologías más destacadas en este campo es el almacenamiento de energía por aire comprimido (CAES), que funciona almacenando energía mediante la compresión de aire en cavidades subterráneas o tanques a alta presión. Durante los períodos de alta demanda, el aire comprimido se libera, se calienta y se expande a través de una turbina para generar electricidad. Los componentes clave de este sistema incluyen compresores que utilizan electricidad para comprimir el aire, cavidades de almacenamiento que suelen ser formaciones geológicas naturales como cavernas salinas capaces de soportar alta presión, y turbinas de expansión que convierten la energía del aire comprimido en electricidad. Entre los proyectos más conocidos se encuentra la planta CAES de Huntorf en Alemania, operativa desde 1978 con una capacidad de 290 MW, y la planta CAES de McIntosh en Alabama, EE. UU., con una capacidad de 110 MW.

Otra tecnología destacada son los volantes de inercia, que almacenan energía cinética en un rotor que gira a alta velocidad dentro de un contenedor de baja fricción. La energía se almacena cuando el rotor acelera durante los períodos de baja demanda y se libera cuando desacelera durante los períodos de alta demanda. Los componentes clave de los volantes de inercia incluyen el rotor, generalmente hecho de materiales compuestos para minimizar el peso y maximizar la resistencia; el contenedor de baja fricción, que a menudo utiliza un vacío para reducir la resistencia del aire; y el generador/motor, que actúa tanto para acelerar el rotor y almacenar energía como para desacelerarlo y liberar energía. Un ejemplo notable de esta tecnología es la instalación de Beacon Power en Nueva York, EE. UU., con una capacidad de 20 MW, que proporciona servicios de regulación de frecuencia a la red eléctrica.

Cada tecnología de almacenamiento de energía tiene sus propias ventajas y limitaciones, que deben considerarse al seleccionar la solución adecuada para una aplicación específica. El almacenamiento de energía por aire comprimido (CAES) ofrece una alta capacidad de almacenamiento, lo que lo hace adecuado para aplicaciones a gran escala, y una larga duración de almacenamiento, ideal para equilibrar la variabilidad estacional de las fuentes renovables. Además, los sistemas CAES tienen una vida útil prolongada con una baja tasa de degradación. Sin embargo, requieren cavidades geológicas adecuadas, lo que limita las ubicaciones posibles para su instalación, y la eficiencia de conversión de energía de los sistemas CAES tradicionales es relativamente baja, aunque las versiones más modernas, como el CAES adiabático, pueden mejorar esta eficiencia. También, la construcción de infraestructuras para CAES puede ser costosa, especialmente si se requieren cavidades de almacenamiento artificiales.

Por otro lado, los volantes de inercia tienen una alta eficiencia de conversión de energía, alrededor del 85-90%, y pueden responder casi instantáneamente a las demandas de energía, lo que los hace ideales para aplicaciones de estabilización de red y regulación de frecuencia. Además, tienen una larga vida útil y requieren poco mantenimiento debido a la ausencia de partes móviles que se desgasten rápidamente. Sin embargo, la capacidad de almacenamiento de energía de los volantes de inercia es relativamente baja, lo que los hace más adecuados para aplicaciones de corto plazo, y aunque los costos operativos son bajos, la inversión inicial para los volantes de inercia puede ser significativa. También, la necesidad de mantener un entorno de baja fricción y la sensibilidad a las vibraciones pueden limitar las ubicaciones de instalación.

La elección entre el almacenamiento de energía por aire comprimido (CAES) y los volantes de inercia depende de las necesidades específicas de la aplicación. Para aplicaciones que requieren almacenamiento a gran escala y larga duración, como el apoyo a la red eléctrica con una alta penetración de energías renovables, CAES puede ser una opción más adecuada. Por otro lado, para aplicaciones que requieren respuesta rápida y estabilización de la red, como la regulación de frecuencia y la gestión de picos de demanda a corto plazo, los volantes de inercia son una solución eficaz. Ambas tecnologías desempeñan un papel crucial en la transición hacia un sistema energético más sostenible y resiliente, complementando otras soluciones de almacenamiento de energía como las baterías avanzadas y el almacenamiento térmico. Con el continuo desarrollo y la innovación tecnológica, estas soluciones de almacenamiento mecánico y térmico seguirán mejorando en términos de eficiencia, capacidad y viabilidad económica, contribuyendo significativamente a la estabilidad y fiabilidad de las redes eléctricas basadas en energías renovables.

Gestión de la Red Eléctrica

La gestión de la red eléctrica y las soluciones inteligentes son cruciales para garantizar la estabilidad y eficiencia del sistema eléctrico, especialmente con la creciente incorporación de fuentes de energía renovable. Los sistemas de gestión de la demanda buscan equilibrar la oferta y la demanda de electricidad ajustando el consumo de los usuarios finales en respuesta a señales del mercado o la red. Las técnicas comunes incluyen el control directo de carga, donde las compañías eléctricas pueden gestionar dispositivos de alto consumo como sistemas de calefacción y aire acondicionado en hogares y empresas para reducir la demanda en momentos de pico. Además, los precios dinámicos ofrecen tarifas variables basadas en la hora del día o la demanda de la red, incentivando a los consumidores a reducir su consumo durante los picos de demanda y aumentarlo durante los periodos de baja demanda. Los programas de respuesta a la demanda también juegan un papel crucial, incentivando a los consumidores a reducir su consumo en respuesta a señales del operador de la red, como precios altos o necesidades de balanceo.

Las soluciones inteligentes, como las redes inteligentes, integran tecnologías avanzadas de información y comunicación para mejorar la eficiencia, fiabilidad y sostenibilidad del suministro eléctrico. Estas redes incluyen medidores inteligentes, sensores y sistemas de comunicación en tiempo real que permiten la monitorización y control de la red, mejorando la capacidad de respuesta y reduciendo las pérdidas de energía. Los medidores inteligentes proporcionan datos detallados sobre el consumo de electricidad en tiempo real, facilitando la implementación de tarifas dinámicas y permitiendo a los consumidores gestionar mejor su consumo. Los sistemas de gestión de energía supervisan, controlan y optimizan el rendimiento de los sistemas eléctricos, incluyendo las fuentes de energía renovable y el almacenamiento de energía, gestionando la carga, optimizando el uso de la energía e integrando el almacenamiento y la generación distribuida.

La integración de energías renovables en la red eléctrica presenta desafíos debido a su naturaleza intermitente y variable. Sin embargo, diversas tecnologías y estrategias están permitiendo una integración más eficaz y fiable de estas fuentes. Los sistemas de almacenamiento de energía son esenciales para mitigar la intermitencia de las energías renovables, almacenando el exceso de energía generado durante los periodos de alta producción y liberándolo durante los periodos de baja producción. Las tecnologías comunes de almacenamiento incluyen baterías avanzadas, almacenamiento de energía por aire comprimido (CAES) y almacenamiento térmico. Las redes inteligentes y las microredes mejoran la capacidad de la red para integrar fuentes de energía renovable mediante la monitorización y el control en tiempo real y la gestión de la generación distribuida. Estas redes tienen la capacidad de aislarse del resto de la red en caso de fallos e integrar múltiples fuentes de energía, mejorando la eficiencia de la demanda local.

Los sistemas de pronóstico y gestión de energía utilizan datos meteorológicos y algoritmos avanzados para predecir la generación de energía renovable con mayor precisión, mejorando la planificación y operación de la red. La gestión activa de la demanda ajusta el consumo de electricidad en tiempo real para equilibrar la oferta y la demanda de la red, utilizando herramientas como precios dinámicos, programas de respuesta a la demanda y control directo de carga. Los inversores inteligentes convierten la corriente continua generada por las fuentes de energía renovable en corriente alterna compatible con la red, proporcionando servicios auxiliares como el control de frecuencia y voltaje y la capacidad de operar en modo isla.

Las políticas y marcos regulatorios favorables son esenciales para facilitar la integración de energías renovables en la red. Ejemplos de políticas incluyen incentivos fiscales, tarifas de alimentación, estándares de portafolio de energía renovable y programas de subastas de energía renovable. Estas políticas ayudan a reducir las barreras económicas y técnicas para la integración de energías renovables y fomentan la inversión en infraestructuras de redes inteligentes y almacenamiento de energía.

La gestión de la red eléctrica con la integración de energías renovables ofrece varias ventajas, como la reducción de emisiones de gases de efecto invernadero, la disminución de la dependencia de los combustibles fósiles, el aumento de la flexibilidad de la red y la mejora de la resiliencia frente a fallos y desastres naturales. También mejora la eficiencia operativa de la red, optimizando el uso de los recursos energéticos. Sin embargo, existen limitaciones, como los altos costos iniciales de implementación de redes inteligentes, sistemas de almacenamiento y tecnologías avanzadas de conversión de energía. La interoperabilidad de múltiples tecnologías y fuentes de energía en una red coherente y eficiente puede ser compleja, y la falta de políticas y regulaciones adecuadas puede obstaculizar el despliegue y adopción de estas tecnologías avanzadas. Además, las redes inteligentes y los sistemas de gestión de energía basados en TI son vulnerables a ataques cibernéticos, lo que requiere robustas medidas de seguridad y protección de datos.

Capítulo 5: Marco Político y Económico

Políticas Gubernamentales

Las políticas gubernamentales juegan un papel crucial en la promoción y adopción de energías renovables. A lo largo de los años, varios países han implementado políticas exitosas que han impulsado el desarrollo y la integración de energías renovables en sus matrices energéticas. En Alemania, la Energiewende busca la transición hacia un sistema energético basado en energías renovables, eficiencia energética y la eliminación gradual de la energía nuclear y los combustibles fósiles. Políticas clave incluyen tarifas de alimentación (feed-in tariffs, FIT), subsidios para la instalación de sistemas renovables, y objetivos ambiciosos de reducción de emisiones de CO_2. Alemania ha logrado una rápida expansión de la capacidad instalada de energías renovables, especialmente en energía solar y eólica. Para 2020, más del 40% de la electricidad en Alemania se generaba a partir de fuentes renovables, convirtiendo al país en un líder mundial en energía renovable y fomentando la innovación tecnológica y el crecimiento del empleo en el sector.

En China, el gobierno ha implementado una serie de políticas en sus planes quinquenales para promover las energías renovables, incluyendo subsidios, créditos fiscales y objetivos de capacidad instalada. El 13º Plan Quinquenal (2016-2020) estableció objetivos específicos para la capacidad instalada de energía solar y eólica, además de proporcionar subsidios y apoyo financiero a los proyectos de energías renovables. Gracias a estas políticas, China se ha convertido en el mayor productor mundial de energía solar y eólica. A finales de 2020, China tenía una capacidad instalada de energía eólica de más de 281 GW y de energía solar de más de 253 GW. Estas políticas han ayudado a reducir significativamente los costos de las tecnologías renovables a nivel global.

Dinamarca ha adoptado una estrategia integral para la transición energética, centrada en la energía eólica, la eficiencia energética y la integración de energías renovables en el sistema eléctrico. Políticas clave incluyen incentivos fiscales, tarifas de alimentación y una política de apoyo a la investigación y el desarrollo de tecnologías renovables. Dinamarca genera aproximadamente el 50% de su electricidad a partir de energía eólica. La inversión en energías renovables ha impulsado el crecimiento económico, ha creado empleos y ha convertido a Dinamarca en un exportador de tecnología eólica.

En los Estados Unidos, las políticas de apoyo a las energías renovables incluyen créditos fiscales a la inversión y a la producción, así como mandatos estatales de portafolio de energía renovable (Renewable Portfolio Standards, RPS). El Crédito Fiscal a la Producción (PTC) y el Crédito Fiscal a la Inversión (ITC) han sido cruciales para el crecimiento de la capacidad eólica y solar. Además, varios estados han implementado sus propios mandatos RPS que requieren que un porcentaje de la electricidad provenga de fuentes renovables. Estas políticas han llevado a un rápido crecimiento de la capacidad instalada de energía renovable en los EE. UU. Para 2020, aproximadamente el 20% de la generación de electricidad en los EE. UU. provenía de fuentes renovables, con un crecimiento significativo en energía eólica y solar.

India ha establecido ambiciosos objetivos nacionales para la capacidad de energías renovables y ha implementado un sistema de subastas de energía para reducir costos y fomentar la inversión. Políticas clave incluyen el objetivo de instalar 175 GW de capacidad renovable para 2022 y la implementación de subastas competitivas para proyectos de energía solar y eólica. India ha experimentado una expansión masiva en su capacidad renovable, alcanzando 89 GW de capacidad instalada de energía renovable a finales de 2020. Las subastas han reducido significativamente el costo de la energía solar y eólica, haciéndolas competitivas con los combustibles fósiles.

El impacto de las políticas gubernamentales en la adopción de energías renovables es significativo y multifacético. Las políticas como los subsidios, las tarifas de alimentación y las subastas competitivas han incentivado la instalación de grandes volúmenes de capacidad renovable, creando economías de escala que han reducido significativamente los costos de las tecnologías solares y eólicas. El apoyo gubernamental ha fomentado la competencia y la innovación en el sector de las energías renovables, lo que ha llevado a mejoras tecnológicas y a la reducción de costos de producción.

Los objetivos nacionales claros y ambiciosos han proporcionado una dirección y un propósito claros para el desarrollo de energías renovables. Esto ha atraído inversiones y ha facilitado la planificación a largo plazo. Las subastas y las tarifas de alimentación han sido eficaces para garantizar precios justos y estables para los productores de energía renovable, incentivando así la inversión en nuevas capacidades. Las políticas de apoyo a las energías renovables han fomentado el crecimiento de un sector económico robusto, creando empleos en la fabricación, instalación, operación y mantenimiento de sistemas de energía renovable. En muchos países, el desarrollo de proyectos de energía renovable ha impulsado el crecimiento económico en áreas rurales y menos desarrolladas, proporcionando ingresos y mejorando la infraestructura local.

Las políticas gubernamentales han acelerado la transición de los combustibles fósiles a las energías renovables, reduciendo significativamente las emisiones de gases de efecto invernadero y contribuyendo a los objetivos climáticos globales. La adopción de energías renovables ha tenido beneficios ambientales adicionales, como la reducción de la contaminación del aire y del agua, y la preservación de los ecosistemas naturales. Sin embargo, la efectividad de las políticas depende de su coherencia y continuidad. Cambios repentinos o inconsistentes en las políticas pueden crear incertidumbre y desalentar la inversión. A medida que aumenta la penetración de las energías renovables, es crucial desarrollar e implementar soluciones para la integración en la red, como el almacenamiento de energía, las redes inteligentes y la gestión de la demanda. Es importante garantizar que los beneficios de las políticas de energías renovables se distribuyan de manera equitativa y que todos los segmentos de la sociedad tengan acceso a la energía limpia y asequible.

En resumen, las políticas gubernamentales han sido fundamentales para el crecimiento y la adopción de energías renovables en todo el mundo. Los ejemplos de políticas exitosas demuestran que el apoyo adecuado puede catalizar la innovación, reducir costos, aumentar la capacidad instalada y generar beneficios económicos y ambientales significativos. A medida que el mundo se enfrenta a los desafíos del cambio climático y la transición energética, las políticas gubernamentales continuarán desempeñando un papel crucial en la promoción de un futuro energético sostenible y resiliente.

Incentivos Económicos

Los incentivos económicos son herramientas clave que los gobiernos utilizan para fomentar la adopción de energías renovables y acelerar la transición hacia un sistema energético sostenible. Estos incentivos incluyen subvenciones, créditos fiscales, tarifas de alimentación, subastas de energía y otros mecanismos que reducen el costo de la inversión y mejoran la rentabilidad de los proyectos de energías renovables.

Las subvenciones son aportes financieros directos del gobierno para cubrir parte del costo de instalación de proyectos de energías renovables. Estas pueden ser otorgadas a empresas, organizaciones o individuos. Por ejemplo, el programa de subvenciones del Departamento de Energía de Estados Unidos (DOE) proporciona financiamiento para proyectos de investigación y desarrollo en energías renovables, así como para la implementación de proyectos piloto y demostrativos. Las subvenciones reducen los costos iniciales, facilitando la adopción de tecnologías limpias y fomentando la innovación en el sector energético.

Los créditos fiscales también son una herramienta efectiva para promover la adopción de energías renovables. El Crédito Fiscal a la Producción (PTC) proporciona un crédito fiscal por cada kilovatio-hora (kWh) de electricidad generada por fuentes renovables durante un período determinado. En Estados Unidos, el PTC ha sido fundamental para el crecimiento de la energía eólica, ofreciendo un crédito fiscal por kWh de electricidad producida por proyectos eólicos durante sus primeros diez años de operación. El Crédito Fiscal a la Inversión (ITC), por otro lado, permite a los desarrolladores de proyectos de energías renovables deducir un porcentaje del costo de instalación del proyecto de sus impuestos federales. Este incentivo ha sido especialmente importante para la energía solar en Estados Unidos, permitiendo a los desarrolladores deducir hasta el 26% del costo total de instalación de sistemas solares hasta 2022, con una reducción gradual programada en los años siguientes.

Las tarifas de alimentación (Feed-in Tariffs, FIT) garantizan a los productores de energía renovable un precio fijo por cada kWh de electricidad que inyectan en la red, generalmente durante un período prolongado. Alemania ha utilizado tarifas de alimentación desde principios de la década de 2000 para impulsar la energía solar y eólica. Estas tarifas han proporcionado estabilidad y previsibilidad a los inversores, facilitando una rápida expansión de la capacidad instalada. Las tarifas de alimentación aseguran ingresos estables para los productores, incentivando la inversión en nuevas capacidades de energía renovable.

Las subastas de energía son procesos competitivos en los que los desarrolladores de proyectos de energías renovables presentan ofertas para suministrar electricidad a la red a un precio determinado. Los contratos se adjudican a las ofertas más competitivas. En Brasil, las subastas de energía han sido utilizadas para asignar contratos de largo plazo para la generación de energía eólica, solar y biomasa, resultando en precios competitivos y una expansión significativa de la capacidad renovable. Las subastas fomentan la competencia entre los desarrolladores, reduciendo los costos de generación y promoviendo la eficiencia en el mercado de la energía renovable.

Los préstamos y el financiamiento a bajo interés proporcionan capital a desarrolladores de proyectos de energías renovables a tasas de interés reducidas, reduciendo el costo financiero de las inversiones. El Banco Europeo de Inversiones (BEI) ofrece financiamiento a proyectos de energías renovables en toda Europa, apoyando la implementación de tecnologías limpias y sostenibles. Estos mecanismos de financiamiento reducen la barrera de entrada para nuevos proyectos y aceleran la adopción de energías renovables a gran escala.

La efectividad y sostenibilidad de los incentivos económicos varían según el contexto y la implementación específica. Los incentivos económicos reducen las barreras financieras para la implementación de proyectos de energías renovables, haciéndolos más accesibles y atractivos para los inversores. El ITC en Estados Unidos ha sido altamente efectivo en reducir los costos iniciales de los proyectos solares, fomentando un rápido crecimiento de la capacidad instalada. Las subvenciones y los créditos fiscales han fomentado la investigación y el desarrollo de nuevas tecnologías, acelerando la innovación y la mejora continua en el sector de las energías renovables. Las subvenciones del DOE han apoyado el desarrollo de tecnologías avanzadas de almacenamiento de energía y mejoras en la eficiencia de los paneles solares. Las tarifas de alimentación y los contratos de subastas proporcionan estabilidad y previsibilidad a los inversores, lo que facilita la planificación y la financiación de proyectos a largo plazo. Las tarifas de alimentación en Alemania han sido fundamentales para la expansión del sector solar, proporcionando un marco estable que ha atraído inversiones significativas.

Los incentivos fiscales, como los créditos fiscales y las subvenciones, representan un costo para los gobiernos. La sostenibilidad de estos incentivos depende de la capacidad fiscal del país y de la justificación económica a largo plazo. En algunos casos, los altos costos fiscales asociados con los incentivos han llevado a debates sobre su viabilidad a largo plazo y la necesidad de ajustes. Las subastas de energía son consideradas una de las formas más eficientes de asignar recursos, ya que fomentan la competencia y pueden resultar en precios más bajos para la electricidad renovable. Las subastas en Brasil han logrado precios competitivos para la energía eólica y solar, reduciendo los costos para los consumidores y promoviendo un crecimiento sostenible del sector. Los incentivos económicos no solo promueven la adopción de energías renovables, sino que también pueden generar beneficios económicos más amplios, como la creación de empleo y el desarrollo industrial. El desarrollo de la industria eólica en Dinamarca ha generado miles de empleos y ha convertido al país en un exportador líder de tecnología eólica.

La capacidad de los incentivos para adaptarse a las condiciones del mercado y evolucionar con el tiempo es crucial para su sostenibilidad. Los mecanismos de revisión y ajuste de políticas pueden asegurar que los incentivos sigan siendo efectivos y eficientes. Las revisiones periódicas de las tarifas de alimentación en Alemania han permitido ajustar los niveles de incentivos en respuesta a la evolución del mercado y la reducción de costos tecnológicos. La implementación efectiva y sostenible de incentivos económicos es fundamental para la transición hacia un sistema energético basado en energías renovables. Si bien los incentivos han demostrado ser altamente efectivos en la reducción de costos, la atracción de inversiones y el fomento de la innovación, también es importante considerar su sostenibilidad fiscal y su capacidad para adaptarse a las condiciones cambiantes del mercado.

En conclusión, los incentivos económicos, como subvenciones, créditos fiscales, tarifas de alimentación y subastas de energía, han sido instrumentos cruciales para promover la adopción de energías renovables en todo el mundo. Su efectividad depende de un diseño adecuado, una implementación coherente y una capacidad para evolucionar con el tiempo. Al abordar los desafíos de sostenibilidad y eficiencia, los gobiernos pueden continuar utilizando estos incentivos para impulsar el crecimiento de las energías renovables y contribuir a un futuro energético sostenible y resiliente.

Estrategias de Financiación

La financiación de proyectos de energías renovables es crucial para su desarrollo y expansión. Con la evolución del sector, han surgido modelos de negocio y mecanismos de financiación innovadores que facilitan la inversión y reducen los riesgos asociados. Un modelo destacado es el de los Acuerdos de Compra de Energía (Power Purchase Agreements, PPA), que son contratos entre un generador de energía renovable y un comprador, generalmente una empresa o una utility. En estos contratos, el comprador acuerda comprar la electricidad generada a un precio fijo durante un período determinado. Los PPAs proporcionan previsibilidad de ingresos para los desarrolladores de proyectos, reducen los riesgos de mercado y facilitan la financiación al garantizar un flujo de ingresos constante. Empresas como Google y Amazon han firmado PPAs a largo plazo para asegurar el suministro de energía renovable para sus operaciones globales, asegurando un suministro constante y predecible de energía limpia para sus actividades.

El crowdfunding es otra estrategia innovadora de financiación, permitiendo a pequeños inversores individuales financiar proyectos de energías renovables a través de plataformas en línea. Los inversores reciben una parte de los ingresos generados por el proyecto, democratizando la inversión en energías renovables y facilitando la participación comunitaria. Abundance Investment en el Reino Unido ha financiado múltiples proyectos de energía renovable mediante crowdfunding, permitiendo a los ciudadanos invertir directamente en energía limpia y participar activamente en la transición energética.

Los Green Bonds o bonos verdes son instrumentos de deuda emitidos para financiar proyectos con beneficios ambientales, como proyectos de energías renovables. Los inversores reciben un retorno fijo de su inversión, similar a los bonos tradicionales, pero con el añadido de contribuir a la sostenibilidad. Estos bonos atraen a una amplia gama de inversores interesados en inversiones sostenibles, ofreciendo transparencia sobre el uso de los fondos y proporcionando tasas de interés competitivas. El Banco Mundial ha emitido múltiples bonos verdes para financiar proyectos de energías renovables y sostenibilidad en todo el mundo, movilizando grandes sumas de capital hacia iniciativas ecológicas.

Los fondos de inversión en energías renovables son otra herramienta eficaz. Estos fondos especializados recaudan capital de múltiples inversores para financiar una cartera diversificada de proyectos de energía limpia. La diversificación de riesgos y el acceso a proyectos a gran escala son ventajas clave de este enfoque, junto con la gestión profesional de las inversiones. Brookfield Renewable Partners, por ejemplo, gestiona uno de los mayores fondos de inversión en energías renovables, con activos diversificados en energía eólica, solar, hidroeléctrica y otras tecnologías, demostrando el potencial de los fondos para movilizar grandes cantidades de capital hacia proyectos sostenibles.

Los modelos de negocio basados en la comunidad son también una estrategia efectiva. Los proyectos de energías renovables basados en la comunidad son financiados y, a menudo, operados por grupos comunitarios locales. Los beneficios financieros y energéticos se mantienen dentro de la comunidad, promoviendo la aceptación local y fomentando la participación comunitaria. La Cooperativa de Energía de Gigha en Escocia es un ejemplo destacado de un proyecto comunitario que opera turbinas eólicas y reinvierte los ingresos en iniciativas locales, creando un impacto positivo tanto en el medio ambiente como en la economía local.

El Proyecto de Energía Solar Noor en Marruecos es un caso de estudio ejemplar. El complejo solar Noor en Ouarzazate es uno de los mayores proyectos solares del mundo, con una capacidad planificada de 580 MW, utilizando tecnología de concentración solar (CSP) y energía solar fotovoltaica. Este proyecto se financió mediante una combinación de préstamos del Banco Mundial, el Banco Africano de Desarrollo y el Banco Europeo de Inversiones, junto con fondos del gobierno marroquí. Noor ha demostrado el potencial de los grandes proyectos solares en África, mejorando la seguridad energética y reduciendo las emisiones de carbono en la región.

Otro caso destacado es el Parque Eólico de Gansu en China, uno de los más grandes del mundo, con una capacidad instalada de más de 10 GW. Este proyecto se financió a través de una combinación de inversiones del gobierno chino, préstamos bancarios y capital privado. Ha contribuido significativamente a la capacidad de energía renovable de China, reduciendo la dependencia de los combustibles fósiles y mejorando la calidad del aire. Estos proyectos muestran cómo una combinación adecuada de financiamiento público y privado puede impulsar la transición energética.

En India, el Proyecto Solar Kurnool Ultra Mega es uno de los mayores parques solares del mundo, con una capacidad instalada de 1,000 MW. Financiado mediante una combinación de fondos del gobierno indio, préstamos del Banco Mundial y acuerdos de compra de energía (PPA) con utilities locales, este proyecto ha aumentado significativamente la capacidad solar de India, proporcionando electricidad limpia a millones de hogares y ayudando a cumplir los ambiciosos objetivos de energía renovable del país.

El Beacon Power Volante de Inercia en EE. UU. es otro ejemplo innovador. Beacon Power ha desarrollado instalaciones de almacenamiento de energía mediante volantes de inercia en Nueva York, con una capacidad de 20 MW. Financiado a través de una combinación de capital privado, subvenciones del Departamento de Energía de EE. UU. y préstamos bancarios, esta instalación mejora la estabilidad de la red eléctrica y proporciona servicios de regulación de frecuencia, demostrando la viabilidad comercial de los volantes de inercia como tecnología de almacenamiento de energía.

El Parque Eólico de Roscoe en Texas es uno de los mayores parques eólicos terrestres del mundo, con una capacidad de 781.5 MW. Financiado a través de una combinación de capital privado, créditos fiscales federales y acuerdos de compra de energía a largo plazo, Roscoe ha ayudado a diversificar la matriz energética de Texas, proporcionando una fuente significativa de energía limpia y reduciendo las emisiones de gases de efecto invernadero.

En resumen, los modelos de negocio y los mecanismos de financiación innovadores son esenciales para el desarrollo y la expansión de proyectos de energías renovables. Desde acuerdos de compra de energía y bonos verdes hasta financiación comunitaria y fondos de inversión especializados, estos enfoques han demostrado ser efectivos en la movilización de capital y la reducción de riesgos. Los casos de estudio de proyectos financiados con éxito destacan la importancia de la combinación adecuada de financiamiento público y privado, la participación comunitaria y el apoyo gubernamental para lograr un crecimiento sostenible y significativo en el sector de las energías renovables.

Capítulo 6: El Papel de la Inteligencia Artificial y el Big Data

Optimización de Sistemas de Energía

La inteligencia artificial (IA) está revolucionando la forma en que se predice y gestiona la generación y el consumo de energía, proporcionando herramientas avanzadas para mejorar la eficiencia, la fiabilidad y la sostenibilidad de los sistemas energéticos. La IA, mediante técnicas de aprendizaje automático (machine learning), utiliza datos históricos y meteorológicos para crear modelos de pronóstico precisos que predicen la generación de energía renovable. Estos modelos pueden adaptarse y mejorar continuamente a medida que se recopilan más datos. La predicción precisa de la generación de energía renovable permite a los operadores de red planificar mejor y gestionar la variabilidad inherente a las fuentes de energía solar y eólica. Esto reduce la dependencia de las plantas de energía de respaldo y mejora la estabilidad de la red, lo que es crucial para una transición eficiente hacia energías más limpias.

Los sistemas de gestión de energía (EMS) basados en IA optimizan el consumo de energía en tiempo real, ajustando la demanda en función de los precios de la electricidad, la disponibilidad de energía renovable y las necesidades del usuario. La IA puede analizar patrones de consumo y activar programas de respuesta a la demanda, donde los consumidores reducen o desplazan su uso de electricidad en respuesta a señales de precios o incentivos económicos. Esta gestión inteligente de la demanda reduce los picos de consumo, disminuye los costos energéticos y ayuda a equilibrar la oferta y la demanda en la red eléctrica, lo que mejora la eficiencia general del sistema. Esto es particularmente importante en áreas urbanas densamente pobladas donde la demanda de energía puede variar significativamente a lo largo del día.

La IA también se aplica en la optimización del almacenamiento de energía. Los sistemas de almacenamiento inteligentes gestionan el uso y la carga/descarga de baterías para maximizar su eficiencia y vida útil. Esto implica decidir cuándo almacenar el exceso de energía generada y cuándo liberar esa energía para satisfacer la demanda. La optimización del almacenamiento de energía asegura que los recursos energéticos se utilicen de manera eficiente, mejora la integración de las energías renovables intermitentes y reduce la necesidad de generación de respaldo basada en combustibles fósiles. Los avances en la tecnología de baterías, como las baterías de iones de litio y las baterías de flujo redox, se benefician significativamente de la IA para maximizar su rendimiento y prolongar su vida útil.

El mantenimiento predictivo basado en IA mejora la fiabilidad de los sistemas de energía, extiende la vida útil de los equipos y reduce los costos operativos. La IA puede monitorizar continuamente el rendimiento de los equipos y sistemas energéticos, utilizando análisis predictivos para identificar posibles fallos antes de que ocurran. Los algoritmos de IA pueden recomendar acciones de mantenimiento proactivo basadas en el análisis de datos en tiempo real, lo que reduce el tiempo de inactividad y los costos de reparación. Esto es esencial para grandes instalaciones de energía renovable donde el mantenimiento no planificado puede resultar costoso y disruptivo.

En la integración de energías renovables, la IA juega un papel crucial en la gestión de redes inteligentes. Coordina la generación distribuida, el almacenamiento de energía y el consumo para optimizar el rendimiento de la red. La IA puede ayudar a las redes eléctricas a adaptarse rápidamente a cambios en la generación y la demanda, mejorando la flexibilidad y la resiliencia del sistema. La integración eficiente de energías renovables reduce las emisiones de gases de efecto invernadero, mejora la sostenibilidad del sistema energético y facilita la transición hacia un mix energético más limpio. Las redes inteligentes que utilizan IA pueden gestionar mejor la variabilidad de la energía solar y eólica, optimizando el uso de recursos y reduciendo los costos operativos.

El proyecto de IA en la Red Eléctrica de California (CAISO) es un ejemplo destacado de cómo la IA puede mejorar la gestión energética. El Operador Independiente del Sistema de California utiliza algoritmos de IA para predecir la generación de energía solar y eólica, así como para gestionar la demanda energética en tiempo real. La implementación de IA ha mejorado la precisión de las previsiones de generación, optimizado el despacho de recursos y reducido la necesidad de generación de energía de respaldo, contribuyendo a una red más eficiente y sostenible. Esto ha permitido una mayor integración de energías renovables en la red eléctrica de California, reduciendo las emisiones y mejorando la estabilidad del suministro.

Google DeepMind ha colaborado con la National Grid del Reino Unido para utilizar IA en la optimización del uso de la energía eólica. La IA ha permitido una mejor predicción de la generación de energía eólica y una gestión más eficiente del flujo de energía, ayudando a reducir costos y mejorar la estabilidad de la red. La plataforma de IA de Google DeepMind es capaz de analizar grandes volúmenes de datos meteorológicos y de generación de energía, proporcionando predicciones precisas que permiten a los operadores de red gestionar de manera más eficaz la variabilidad de la energía eólica.

Siemens ha desarrollado un sistema de gestión energética basado en IA que se utiliza en varios proyectos de energía renovable y almacenamiento en todo el mundo. Este sistema optimiza la carga y descarga de baterías, gestiona el uso de energía renovable y proporciona servicios de respuesta a la demanda, mejorando la eficiencia operativa y reduciendo las emisiones de carbono. La implementación de este sistema en diversas instalaciones ha demostrado mejoras significativas en la gestión de energía y ha contribuido a una mayor integración de fuentes de energía renovable en las redes eléctricas.

En Australia, varias empresas de servicios públicos han implementado soluciones de redes inteligentes basadas en IA para gestionar la integración de energías renovables y mejorar la fiabilidad de la red. La IA ha mejorado la capacidad de la red para gestionar la variabilidad de la energía solar y eólica, optimizando el uso de recursos energéticos y reduciendo los costos operativos. Estas soluciones incluyen el uso de sensores avanzados y sistemas de comunicación en tiempo real que permiten una gestión más eficaz y adaptativa de la red eléctrica, facilitando la integración de grandes volúmenes de energía renovable.

La inteligencia artificial está transformando la forma en que se optimizan los sistemas de energía, proporcionando herramientas avanzadas para predecir y gestionar la generación y el consumo de energía de manera más eficiente. La implementación de IA en la gestión de la demanda, el almacenamiento de energía, el mantenimiento predictivo y la integración de energías renovables está impulsando la transición hacia un sistema energético más sostenible y resiliente. Los casos de estudio y las aplicaciones reales demuestran el enorme potencial de la IA para mejorar la eficiencia operativa, reducir costos y aumentar la fiabilidad del suministro de energía en todo el mundo.

Mantenimiento Predictivo

El mantenimiento predictivo utiliza Big Data e inteligencia artificial (IA) para anticipar fallos en equipos e infraestructuras, permitiendo a las organizaciones realizar mantenimiento proactivo y evitar tiempos de inactividad costosos. Esta metodología está revolucionando la gestión de infraestructuras energéticas, mejorando la eficiencia, la fiabilidad y la vida útil de los sistemas. Los sensores avanzados instalados en equipos e infraestructuras recopilan datos en tiempo real sobre diversas variables operativas, como temperatura, vibración, presión, humedad y rendimiento. Los grandes volúmenes de datos recopilados son analizados mediante algoritmos de Big Data y técnicas de aprendizaje automático para identificar patrones y anomalías que pueden indicar un posible fallo. La IA crea modelos predictivos que pueden prever cuándo es probable que ocurra un fallo, basándose en los datos históricos y las condiciones actuales del equipo.

La monitorización de vibraciones en equipos rotativos, como turbinas y motores, puede identificar signos de desgaste o desalineación. Los algoritmos de IA analizan los datos de vibración para detectar anomalías y predecir fallos, permitiendo un mantenimiento proactivo y reduciendo el riesgo de daños mayores. La monitorización de la temperatura en equipos eléctricos y mecánicos ayuda a identificar problemas de sobrecalentamiento, que pueden ser indicativos de fallos inminentes. El análisis de datos térmicos mediante IA permite detectar patrones de sobrecalentamiento y prever fallos antes de que ocurran, mejorando la fiabilidad y la seguridad de los sistemas. El análisis de las propiedades químicas y físicas de aceites y lubricantes puede revelar la presencia de contaminantes y el desgaste de componentes. Los modelos de IA pueden predecir la necesidad de cambios de aceite y el mantenimiento de los componentes basándose en el análisis de los datos de lubricación, optimizando los ciclos de mantenimiento y reduciendo los costos. Los sensores de corrosión monitorizan el estado de superficies metálicas en infraestructuras como tuberías y estructuras marinas. La IA analiza los datos de los sensores para identificar signos tempranos de corrosión y prever su progresión, permitiendo intervenciones oportunas y evitando fallos estructurales.

El mantenimiento predictivo permite identificar y solucionar problemas antes de que provoquen fallos, reduciendo significativamente los tiempos de inactividad no planificados. En una planta de energía eólica, el mantenimiento predictivo puede detectar anomalías en las turbinas, permitiendo reparaciones programadas que evitan la interrupción del servicio. Al realizar mantenimiento solo cuando es necesario, las organizaciones pueden reducir los costos asociados con el mantenimiento preventivo excesivo y las reparaciones de emergencia. Una empresa de servicios públicos puede optimizar los ciclos de mantenimiento de sus equipos de transmisión y distribución, reduciendo los costos operativos y mejorando la eficiencia. La detección temprana de problemas permite intervenciones que pueden extender la vida útil de los equipos y mejorar su rendimiento. En una instalación solar, la monitorización continua y el análisis predictivo pueden identificar problemas en los inversores, permitiendo reparaciones que prolongan la vida útil de estos componentes críticos. La capacidad de prever fallos mejora la fiabilidad de las infraestructuras y reduce el riesgo de accidentes y fallos catastróficos. En la industria petroquímica, el mantenimiento predictivo puede identificar problemas en las válvulas y tuberías antes de que provoquen fugas o explosiones, mejorando la seguridad operativa.

General Electric (GE) utiliza su plataforma de análisis de datos industriales Predix para monitorizar y predecir el rendimiento de sus turbinas eólicas, motores de aviación y otros equipos industriales. La plataforma Predix ha permitido a GE mejorar la fiabilidad y la eficiencia de sus equipos, reduciendo los costos de mantenimiento y mejorando el rendimiento operativo. Siemens utiliza su plataforma de IoT industrial MindSphere para recopilar y analizar datos de sus sistemas de energía y automatización. MindSphere permite a Siemens y sus clientes implementar estrategias de mantenimiento predictivo, optimizando la operación de infraestructuras críticas y reduciendo los tiempos de inactividad. IBM Watson utiliza IA y análisis de Big Data para monitorizar y predecir el rendimiento de parques solares y eólicos. La tecnología de IBM Watson ha mejorado la eficiencia operativa de proyectos de energía renovable, permitiendo intervenciones proactivas y reduciendo los costos de mantenimiento. Royal Dutch Shell utiliza técnicas de IA y análisis de Big Data para monitorizar sus infraestructuras de producción y distribución de petróleo y gas. La implementación de mantenimiento predictivo ha permitido a Shell mejorar la fiabilidad de sus operaciones, reducir los tiempos de inactividad y optimizar los costos operativos.

El mantenimiento predictivo está transformando la gestión de infraestructuras energéticas mediante la aplicación de Big Data e inteligencia artificial. Al anticipar fallos y optimizar las intervenciones de mantenimiento, estas tecnologías mejoran la eficiencia operativa, reducen costos y extienden la vida útil de los equipos. Los casos de estudio y las aplicaciones reales demuestran el enorme potencial del mantenimiento predictivo para mejorar la fiabilidad y la sostenibilidad de los sistemas energéticos en todo el mundo. Esta transformación está llevando a una mayor adopción de tecnologías avanzadas en diversos sectores, lo que contribuye a un futuro más eficiente y sostenible.

Análisis de Datos y Toma de Decisiones

El análisis de grandes volúmenes de datos es crucial para optimizar la gestión de proyectos de energías renovables. Utilizando herramientas avanzadas y métodos analíticos, las organizaciones pueden extraer información valiosa para mejorar la eficiencia operativa, predecir tendencias y tomar decisiones informadas. Plataformas de Big Data como Apache Hadoop permiten el procesamiento distribuido de grandes conjuntos de datos a través de clusters de computadoras, mientras que Apache Spark proporciona una interfaz de programación fácil de usar y es conocida por su velocidad y capacidad de análisis en memoria. Bases de datos NoSQL como MongoDB, que almacena datos en formato de documentos JSON, y Cassandra, que ofrece alta disponibilidad y escalabilidad, son esenciales para gestionar datos no estructurados. Herramientas de análisis y visualización como Tableau y Power BI permiten crear dashboards interactivos para explorar y comprender grandes conjuntos de datos, mientras que herramientas de machine learning e IA como TensorFlow y Scikit-learn facilitan la construcción y el entrenamiento de modelos de machine learning.

El análisis de datos puede adoptar varios métodos, desde el análisis descriptivo, que proporciona una visión general de los datos históricos para entender lo que ha sucedido en el pasado, hasta el análisis predictivo, que utiliza modelos estadísticos y algoritmos de machine learning para prever tendencias futuras y eventos probables basados en datos históricos. Además, el análisis prescriptivo sugiere acciones específicas que pueden tomarse para alcanzar un resultado deseado, basándose en el análisis de datos y la modelización predictiva, mientras que el análisis en tiempo real procesa y analiza datos a medida que se generan para proporcionar información inmediata y facilitar la toma de decisiones en tiempo real.

La implementación de estas herramientas y métodos en proyectos de energías renovables es diversa. Por ejemplo, los operadores de parques eólicos utilizan el análisis de datos para optimizar la generación de energía y reducir los costos operativos. En el Parque Eólico de Horns Rev en Dinamarca, el análisis de datos ha permitido mejorar la eficiencia operativa y aumentar la producción de energía en un 5%. Las plantas solares utilizan el análisis de datos para monitorizar el rendimiento de los paneles solares y prever problemas de mantenimiento. La planta solar Noor en Marruecos utiliza análisis de datos en tiempo real para monitorizar y optimizar el rendimiento de sus sistemas de concentración solar, mejorando la eficiencia general del sistema.

Las empresas de servicios públicos también utilizan el análisis de datos para gestionar la integración de energías renovables en la red eléctrica y mantener la estabilidad de la red. En California, el operador de la red eléctrica (CAISO) utiliza modelos de IA para prever la generación de energía solar y eólica, mejorando la gestión de la red y reduciendo la necesidad de generación de respaldo. Además, el mantenimiento predictivo en infraestructuras energéticas es otra aplicación clave del análisis de datos. Las empresas energéticas implementan mantenimiento predictivo para reducir el tiempo de inactividad y prolongar la vida útil de los equipos. General Electric, por ejemplo, utiliza su plataforma Predix para monitorizar turbinas eólicas y prever fallos antes de que ocurran, reduciendo los costos de mantenimiento y mejorando la fiabilidad de los sistemas.

Los proyectos de energía comunitaria también se benefician del análisis de datos. Las comunidades utilizan el análisis de datos para optimizar el consumo de energía y gestionar proyectos de energía renovable localmente. La Cooperativa de Energía de Gigha en Escocia utiliza análisis de datos para monitorizar el rendimiento de sus turbinas eólicas y gestionar la distribución de energía entre los miembros de la comunidad, optimizando el uso y reduciendo los costos. El uso de herramientas de visualización de datos como Power BI y plataformas de gestión de energía comunitaria permite a las comunidades comprender patrones de consumo y sugerir acciones que optimicen el uso de energía.

El análisis de grandes volúmenes de datos mediante herramientas avanzadas y métodos analíticos es fundamental para la optimización de proyectos de energías renovables. Desde la optimización de la generación y la gestión de la demanda hasta el mantenimiento predictivo y la integración en la red, el análisis de datos proporciona información valiosa que mejora la eficiencia operativa, reduce costos y aumenta la fiabilidad y sostenibilidad de los sistemas energéticos. Los ejemplos de implementación demuestran el enorme potencial del análisis de datos para transformar la gestión y operación de proyectos de energías renovables en todo el mundo.

Capítulo 7: El Debate sobre la Energía Nuclear

Introducción a la Energía Nuclear

La energía nuclear es una forma de energía liberada durante las reacciones nucleares, ya sea mediante fisión, que es la división de núcleos atómicos pesados, o fusión, que es la unión de núcleos atómicos ligeros. Esta energía ha tenido un impacto significativo en la generación de electricidad desde su descubrimiento. Los descubrimientos iniciales en el campo de la energía nuclear se remontan a 1896 cuando Henri Becquerel descubrió el fenómeno de la radiactividad. Este hallazgo fue seguido por los trabajos pioneros de Marie y Pierre Curie, quienes estudiaron materiales radiactivos y sentaron las bases para la comprensión de las reacciones nucleares. En 1938, Otto Hahn y Fritz Strassmann, con la colaboración teórica de Lise Meitner y Otto Frisch, descubrieron la fisión nuclear del uranio, demostrando que era posible liberar una gran cantidad de energía al dividir núcleos atómicos. Durante la Segunda Guerra Mundial, el Proyecto Manhattan utilizó la fisión nuclear para desarrollar las primeras armas nucleares. Aunque inicialmente el uso fue militar, este proyecto también impulsó investigaciones sobre aplicaciones pacíficas de la energía nuclear. En 1954, la planta nuclear de Obninsk en la Unión Soviética se convirtió en la primera en generar electricidad a partir de energía nuclear para una red eléctrica, marcando el comienzo de la era de la energía nuclear civil.

La fisión nuclear ocurre cuando un núcleo pesado, como el uranio-235 o el plutonio-239, se divide en dos núcleos más ligeros, liberando una gran cantidad de energía en forma de calor. Esta reacción también libera neutrones, que pueden inducir la fisión en otros núcleos, creando una reacción en cadena controlada en los reactores nucleares. Por otro lado, la fusión nuclear implica la unión de dos núcleos ligeros, como los del hidrógeno, para formar un núcleo más pesado, liberando energía en el proceso. La fusión es la fuente de energía del Sol y las estrellas, y aunque es muy prometedora, controlar la fusión en la Tierra para la generación de electricidad aún enfrenta desafíos tecnológicos significativos. En un reactor nuclear de fisión, la reacción en cadena se controla mediante materiales que absorben neutrones, conocidos como moderadores y barras de control, para mantener una tasa de fisión constante y segura.

Los reactores nucleares son dispositivos diseñados para controlar las reacciones nucleares en cadena y utilizar la energía liberada para generar electricidad. Existen varios tipos de reactores nucleares, cada uno con características y mecanismos de funcionamiento distintos. El Reactor de Agua a Presión (PWR) es el tipo de reactor más común en el mundo y utiliza agua ligera como moderador y refrigerante. El agua a alta presión circula por el núcleo del reactor, donde se calienta mediante fisión y transfiere su calor a un generador de vapor a través de un intercambiador de calor. El vapor generado impulsa una turbina conectada a un generador eléctrico. Los Reactores de Agua en Ebullición (BWR) son similares a los PWR, pero el agua en el núcleo del reactor hierve y se convierte directamente en vapor que se dirige a una turbina para generar electricidad.

El Reactor de Agua Pesada (CANDU) utiliza agua pesada como moderador y refrigerante y puede utilizar uranio natural como combustible. El agua pesada circula a través del núcleo, moderando los neutrones y calentándose, transfiriendo el calor a un generador de vapor. Los reactores de Grafito-Gas, como los AGR y RBMK, utilizan grafito como moderador y gas como refrigerante. El gas circula a través del núcleo, se calienta mediante la fisión y transfiere su calor a un generador de vapor para producir electricidad. Los Reactores de Lecho de Bolas (HTGR) son reactores de alta temperatura que utilizan esferas de combustible revestidas de grafito y helio como refrigerante. Las esferas de combustible contienen partículas de uranio y están revestidas con grafito, que modera los neutrones, mientras que el helio circula a través del reactor extrayendo el calor generado.

Los Reactores de Sales Fundidas (MSR) utilizan una mezcla de sales fundidas como combustible y refrigerante. El combustible nuclear se disuelve en las sales fundidas, que circulan a través del núcleo del reactor, transfiriendo el calor generado por la fisión a un intercambiador de calor para generar vapor y así impulsar una turbina. Aunque aún están en fase experimental, hay proyectos de investigación en Estados Unidos y China que exploran esta tecnología. Desde sus descubrimientos iniciales hasta convertirse en una fuente importante de generación de electricidad, la energía nuclear ha evolucionado significativamente. Los diversos tipos de reactores nucleares ofrecen distintas ventajas y desafíos, cada uno adaptado a diferentes necesidades y contextos tecnológicos. La comprensión de su funcionamiento es esencial para aprovechar al máximo su potencial y garantizar su operación segura y eficiente.

La Energía Nuclear como Energía Renovable

La consideración de la energía nuclear como una fuente de energía renovable es un tema de debate, pero hay varios argumentos y avances tecnológicos que apoyan la idea de que la energía nuclear puede desempeñar un papel crucial en un futuro energético sostenible. Durante su operación, las plantas de energía nuclear emiten cantidades insignificantes de gases de efecto invernadero en comparación con las plantas de energía que queman combustibles fósiles. Esto hace que la energía nuclear sea una opción viable para reducir las emisiones de carbono y combatir el cambio climático. Según el Intergovernmental Panel on Climate Change (IPCC), la energía nuclear tiene una de las menores huellas de carbono por kilovatio-hora (kWh) generado, comparable a la energía eólica y solar. Los combustibles nucleares, como el uranio y el torio, tienen una densidad energética extremadamente alta, lo que significa que una pequeña cantidad de material nuclear puede producir una gran cantidad de energía. Esta alta densidad energética permite que las plantas nucleares generen grandes cantidades de electricidad de manera continua y fiable, a diferencia de las fuentes renovables intermitentes como la solar y la eólica. Esto es particularmente beneficioso para satisfacer la demanda base de electricidad.

Las reservas conocidas de uranio y torio son suficientes para abastecer a las plantas nucleares durante muchas décadas, incluso siglos, con el uso de tecnologías avanzadas de reciclaje y reprocesamiento de combustible. La abundancia y la longevidad de estos combustibles sugieren que la energía nuclear puede ser una fuente de energía sostenible a largo plazo, complementando otras fuentes renovables y ayudando a asegurar la seguridad energética. Además, las innovaciones en la tecnología nuclear, como los reactores de cuarta generación y los pequeños reactores modulares (SMRs), están mejorando la seguridad, la eficiencia y la sostenibilidad de la energía nuclear. Los reactores de cuarta generación utilizan tecnologías como la refrigeración por gas, sal fundida y metal líquido, lo que mejora la eficiencia térmica y reduce el riesgo de accidentes graves. Estos reactores pueden utilizar combustibles alternativos como el torio y reciclar desechos nucleares, haciendo que el proceso sea más sostenible.

Los pequeños reactores modulares (SMRs) son reactores nucleares de menor tamaño y capacidad en comparación con los reactores tradicionales, diseñados para ser fabricados en serie y ensamblados in situ. Los SMRs ofrecen flexibilidad en la ubicación y el escalado de la capacidad de generación de energía. Su diseño modular reduce los costos iniciales y el tiempo de construcción, haciéndolos atractivos para comunidades más pequeñas y países en desarrollo. Además, sus características de seguridad mejoradas y menor riesgo operativo los hacen una opción segura y viable. Otro avance significativo en el campo de la energía nuclear es la investigación sobre la energía de fusión nuclear. La fusión nuclear es el proceso que alimenta al Sol, donde núcleos ligeros se combinan para formar un núcleo más pesado, liberando grandes cantidades de energía. A diferencia de la fisión, la fusión no produce desechos radiactivos de larga vida y tiene un menor riesgo de accidentes nucleares. Si se logra comercializar, la fusión nuclear podría proporcionar una fuente prácticamente ilimitada de energía limpia y segura. Proyectos como el ITER (International Thermonuclear Experimental Reactor) en Francia están avanzando en la investigación y el desarrollo de esta tecnología, con la esperanza de hacerla viable para la generación de energía a gran escala.

La fusión nuclear tiene el potencial de revolucionar la generación de energía, eliminando los problemas de residuos nucleares y proporcionando una fuente de energía sostenible y libre de carbono. Este avance tecnológico, junto con las mejoras en la fisión nuclear, sugiere que la energía nuclear puede desempeñar un papel crucial en la transición hacia un sistema energético más limpio y sostenible. Aunque la energía nuclear enfrenta desafíos y controversias, presenta varios argumentos sólidos a favor de su consideración como una fuente de energía renovable. Su baja emisión de gases de efecto invernadero, alta densidad energética, longevidad de los combustibles y las innovaciones tecnológicas actuales y futuras la posicionan como una opción viable para contribuir a un futuro energético sostenible y libre de carbono. La energía nuclear, con sus capacidades actuales y su potencial futuro, ofrece una vía prometedora para abordar los desafíos del cambio climático y la creciente demanda global de energía, complementando otras fuentes renovables en un mix energético diversificado y sostenible.

Contra la Energía Nuclear como Energía Renovable

La energía nuclear es un tema de intenso debate, especialmente en el contexto de considerarla como una fuente de energía renovable. Este debate se centra en varios argumentos que cuestionan la viabilidad y la seguridad de la energía nuclear en comparación con otras formas de energías renovables. Uno de los principales problemas es la gestión y el almacenamiento de desechos radiactivos. Estos desechos, generados durante el proceso de fisión nuclear en los reactores, varían en su nivel de radiactividad y en el tiempo que permanecen peligrosos. La gestión y el almacenamiento seguro de estos residuos representan desafíos significativos, ya que los residuos de alta radiactividad requieren aislamiento durante miles de años, lo que plantea problemas técnicos y éticos para las generaciones futuras. Las soluciones propuestas incluyen el almacenamiento en depósitos geológicos profundos, como el propuesto en Yucca Mountain en Estados Unidos, y el reciclaje y reprocesamiento de combustible nuclear para reducir el volumen y la radiactividad de los desechos. Sin embargo, estas soluciones enfrentan desafíos técnicos, económicos y de aceptación pública.

Los riesgos asociados con los residuos nucleares incluyen la posibilidad de fugas radiactivas, contaminación ambiental y la amenaza de uso indebido o terrorismo. Estos riesgos requieren medidas de seguridad estrictas y una gestión a largo plazo, lo que incrementa los costos y la complejidad de los programas nucleares. Las soluciones propuestas para mitigar estos riesgos incluyen el desarrollo de nuevas tecnologías de almacenamiento seguro, la mejora de los sistemas de vigilancia y seguridad, y la implementación de políticas y regulaciones estrictas para garantizar la seguridad de los depósitos de residuos. La historia de los accidentes nucleares ha dejado una marca indeleble en la percepción pública de la energía nuclear. El accidente de Chernobyl en 1986, que resultó en una explosión y un incendio en el reactor nuclear de Chernobyl en Ucrania, liberó grandes cantidades de radiación en el medio ambiente. Esto causó la evacuación de miles de personas y contaminó vastas áreas, resultando en una elevada incidencia de cánceres y otras enfermedades relacionadas con la radiación, además de impactos económicos y ambientales a largo plazo. Otro desastre significativo fue el accidente de Fukushima en 2011, donde un terremoto seguido de un tsunami provocó la falla en el sistema de enfriamiento de los reactores en la planta nuclear de Fukushima Daiichi en Japón. Este incidente causó la fusión del núcleo en varios reactores y la liberación de radiactividad al medio ambiente, llevando a la evacuación de miles de personas y generando una reevaluación global de la seguridad nuclear y la política energética.

A pesar de estos eventos, las plantas nucleares modernas implementan numerosas medidas de seguridad diseñadas para prevenir accidentes y mitigar sus efectos en caso de que ocurran. Estas medidas incluyen sistemas de enfriamiento redundantes, contenciones de hormigón para evitar la liberación de radiación, y protocolos de emergencia bien definidos y probados regularmente. Los protocolos de emergencia abarcan planes de evacuación, distribución de yodo para proteger la tiroides de la radiación, y sistemas de comunicación para informar al público y coordinar las respuestas con las autoridades locales y nacionales. Los costos iniciales de construcción y mantenimiento de plantas nucleares son considerablemente altos debido a los requisitos de diseño y seguridad, la complejidad tecnológica y los largos tiempos de desarrollo. Además, el mantenimiento, el combustible y la gestión de residuos añaden costos continuos. Las plantas nucleares también requieren un desmantelamiento seguro al final de su vida útil, lo que supone costos adicionales significativos.

Comparado con otras fuentes de energía, los costos iniciales de las plantas nucleares son generalmente más altos, aunque los costos operativos pueden ser competitivos una vez que la planta está en funcionamiento.

En comparación con los costos de otras fuentes de energía renovable, como la energía solar y eólica, las instalaciones nucleares enfrentan desafíos económicos. Las instalaciones solares y eólicas tienen costos iniciales más bajos y tiempos de construcción más cortos que las plantas nucleares. Los costos operativos de la energía solar y eólica son bajos, ya que no requieren combustible y el mantenimiento es relativamente sencillo. Las mejoras tecnológicas y las economías de escala han reducido significativamente los costos de las energías solar y eólica, haciéndolas cada vez más competitivas. La energía hidroeléctrica también tiene costos iniciales altos similares a los de la energía nuclear, especialmente para grandes represas y proyectos de almacenamiento por bombeo. Sin embargo, los costos operativos de la energía hidroeléctrica son generalmente bajos, y las plantas hidroeléctricas tienen una vida útil larga. La energía hidroeléctrica es una fuente renovable fiable y bien establecida, pero su expansión está limitada por la disponibilidad de sitios adecuados.

Aunque la energía nuclear tiene ventajas significativas, también enfrenta desafíos críticos relacionados con la gestión de residuos, la seguridad y los costos económicos. Los residuos radiactivos y los riesgos de accidentes nucleares presentan problemas complejos que requieren soluciones a largo plazo y una gestión rigurosa. Además, los altos costos iniciales y de mantenimiento, junto con las consideraciones económicas, pueden hacer que la energía nuclear sea menos atractiva en comparación con otras fuentes de energía renovable más económicas y de rápido despliegue. La necesidad de resolver estos problemas es esencial para determinar el futuro de la energía nuclear en el contexto de la transición hacia un sistema energético más sostenible y seguro.

Perspectivas Globales sobre la Energía Nuclear

La energía nuclear desempeña un papel variado en las políticas energéticas de diferentes países, reflejando una mezcla de estrategias de expansión y eliminación gradual según las prioridades nacionales. Francia, por ejemplo, es uno de los mayores defensores de la energía nuclear en el mundo, generando aproximadamente el 70% de su electricidad a través de plantas nucleares. El país ha invertido significativamente en infraestructura nuclear y tecnologías avanzadas, como los reactores de tercera y cuarta generación, y está explorando pequeños reactores modulares (SMRs) para diversificar su capacidad nuclear.

Esta dependencia ha permitido a Francia mantener bajas emisiones de carbono en su sector energético, contribuyendo sustancialmente a sus objetivos climáticos.

China, por otro lado, está expandiendo rápidamente su capacidad nuclear como parte de su estrategia para reducir la dependencia del carbón y disminuir las emisiones de gases de efecto invernadero. El gobierno chino ha establecido planes ambiciosos para aumentar la capacidad nuclear, con múltiples reactores en construcción y el desarrollo de tecnologías avanzadas como los reactores de cuarta generación y los SMRs. Esta expansión busca diversificar el mix energético del país, mejorar la seguridad energética y contribuir a la reducción de emisiones de carbono, lo que es vital para su crecimiento sostenible.

Rusia también es un actor clave en la energía nuclear, con una política activa de construcción de reactores tanto a nivel nacional como internacional. A través de Rosatom, su corporación estatal de energía nuclear, Rusia no solo está aumentando su capacidad interna sino que también exporta tecnología y construye reactores en otros países. Este enfoque no solo fortalece su generación de electricidad doméstica sino que también amplía su influencia geopolítica al exportar tecnología nuclear, convirtiendo la energía nuclear en un pilar fundamental de su estrategia energética y de relaciones exteriores.

Por el contrario, países como Alemania y Suiza están eliminando gradualmente la energía nuclear debido a preocupaciones de seguridad y sostenibilidad. Tras el desastre de Fukushima en 2011, Alemania decidió cerrar todas sus plantas nucleares para 2022 como parte de su política Energiewende, que se centra en aumentar la capacidad de energías renovables como la solar y la eólica y mejorar la eficiencia energética. Aunque esta eliminación ha impulsado el desarrollo de energías renovables, también plantea desafíos en términos de mantener la estabilidad de la red y cumplir con los objetivos de reducción de emisiones de carbono.

Suiza también decidió eliminar gradualmente la energía nuclear después de Fukushima, aunque el proceso es más lento en comparación con Alemania. El país planea cerrar sus plantas nucleares al final de su vida útil sin construir nuevas, enfocándose en aumentar la capacidad renovable y mejorar la eficiencia energética. Esta política refleja preocupaciones de seguridad pública, y Suiza está trabajando para equilibrar su mix energético con más renovables y mejoras en la eficiencia.

La aceptación social de la energía nuclear varía significativamente entre diferentes países y regiones, influenciada por factores históricos, culturales y políticos. Diversas encuestas y estudios muestran una gama de opiniones sobre la energía nuclear, desde el apoyo entusiasta hasta la oposición vehemente. En países como Francia y Rusia, donde la energía nuclear es una parte integral de la infraestructura energética, la aceptación tiende a ser mayor. En contraste, en países como Alemania y Japón, los desastres nucleares han generado una fuerte oposición pública.

La percepción de seguridad y los riesgos asociados juegan un papel crucial en la aceptación o rechazo de la energía nuclear por parte de la sociedad. Los incidentes nucleares como Chernobyl y Fukushima han dejado un impacto duradero en la percepción pública, alimentando el miedo a los accidentes y a la gestión de residuos radiactivos. La confianza en las instituciones reguladoras y las empresas operadoras también es un factor determinante; los países con instituciones fuertes y transparentes tienden a tener una mayor aceptación pública. Además, la percepción de la energía nuclear como una solución a la crisis climática, capaz de proporcionar energía constante y baja en carbono, puede aumentar su aceptación. Los beneficios económicos, como la creación de empleos y la estabilidad energética, también son factores positivos.

El nivel de conocimiento y educación sobre la energía nuclear influye significativamente en las actitudes públicas. Una mejor comprensión de los beneficios y riesgos puede llevar a una opinión más equilibrada. Los medios de comunicación y los movimientos activistas juegan un papel crucial en moldear la opinión pública. La cobertura mediática negativa y las campañas antinucleares pueden reducir la aceptación social, mientras que una información equilibrada y basada en hechos puede mejorarla.

La perspectiva global sobre la energía nuclear es diversa y compleja. Mientras algunos países continúan invirtiendo en energía nuclear como una solución clave para sus necesidades energéticas y objetivos climáticos, otros la están eliminando debido a preocupaciones de seguridad y aceptación pública. La opinión pública sobre la energía nuclear está influenciada por una variedad de factores, incluidos la percepción de seguridad, la confianza en las instituciones, los beneficios económicos y ambientales, y la educación y el conocimiento sobre la tecnología nuclear. Los diversos enfoques reflejan las diferentes prioridades y desafíos que enfrenta cada país en su búsqueda de un futuro energético sostenible.

El Futuro de la Energía Nuclear

El futuro de la energía nuclear se perfila con una serie de innovaciones y desarrollos que buscan hacer esta fuente de energía más segura, eficiente y sostenible. Entre los avances más prometedores se encuentran los reactores de cuarta generación. Estos reactores representan una nueva clase de diseños nucleares que prometen ser más seguros, eficientes y sostenibles. Incluyen tipos como el reactor rápido refrigerado por sodio, el reactor de sales fundidas y el reactor de gas de alta temperatura. Estos diseños están optimizados para utilizar mejor el combustible, reducir los residuos nucleares y aumentar la seguridad operativa mediante características intrínsecas que previenen accidentes. La implementación de reactores de cuarta generación podría resolver muchos de los problemas asociados con la energía nuclear actual, haciendo que esta fuente de energía sea más aceptable para el público y más viable a largo plazo.

Además de los reactores de cuarta generación, los pequeños reactores modulares (SMRs) están ganando atención. Los SMRs son reactores nucleares de menor escala, diseñados para ser más seguros y económicos. Pueden ser fabricados en masa y ensamblados en el sitio, lo que reduce los costos de construcción y los tiempos de implementación. Estos reactores ofrecen flexibilidad en la generación de energía y pueden ser utilizados en ubicaciones remotas o en combinación con otras fuentes de energía renovable. Sus características de seguridad avanzadas reducen el riesgo de accidentes y mejoran la aceptación pública. La adopción de SMRs podría democratizar la energía nuclear, permitiendo que más países y regiones accedan a esta tecnología con menores riesgos y costos.

Otra área de investigación crucial es la energía de fusión nuclear. La fusión nuclear es el proceso que alimenta al Sol y las estrellas, donde núcleos ligeros se combinan para formar un núcleo más pesado, liberando una enorme cantidad de energía. La investigación actual busca replicar este proceso en la Tierra para generar electricidad de manera segura y sostenible. Proyectos internacionales como ITER (International Thermonuclear Experimental Reactor) en Francia están avanzando en la investigación y desarrollo de la fusión nuclear. Estos proyectos están diseñados para demostrar la viabilidad técnica y económica de la fusión como fuente de energía. Si se logra comercializar, la fusión nuclear podría revolucionar la generación de energía, proporcionando una fuente casi ilimitada, libre de carbono y sin los problemas de residuos radiactivos de larga vida asociados con la fisión nuclear.

La integración de la energía nuclear con otras fuentes de energía renovable también es un aspecto clave del futuro energético. La energía nuclear puede complementar a las fuentes de energía renovable intermitentes como la solar y la eólica, proporcionando una fuente constante y fiable de electricidad que puede equilibrar la variabilidad de las renovables. Los modelos híbridos de plantas nucleares y renovables pueden aprovechar las fortalezas de cada tecnología, mejorando la estabilidad de la red y reduciendo las emisiones de carbono. Por ejemplo, una planta nuclear puede operar a carga base mientras que la energía solar y eólica suplen la demanda adicional durante los picos de producción. La combinación de energía nuclear y renovables puede resultar en un sistema energético más robusto y resiliente, capaz de proporcionar electricidad continua y reducir la dependencia de combustibles fósiles.

Un enfoque diversificado en el mix energético es fundamental para un futuro sostenible. Un mix energético sostenible combina múltiples fuentes de energía, incluyendo nuclear, solar, eólica, hidroeléctrica y biomasa, para maximizar la fiabilidad y minimizar las emisiones de carbono. Un enfoque diversificado reduce la vulnerabilidad a las fluctuaciones de una sola fuente de energía y aprovecha las ventajas de cada tecnología. La energía nuclear proporciona una base firme de generación, mientras que las renovables cubren la demanda variable y reducen la huella de carbono. Países como Francia y China están explorando modelos de mix energético que integran energía nuclear con renovables, aprovechando la estabilidad de la nuclear y la sostenibilidad de las renovables.

El desarrollo de una infraestructura inteligente es esencial para la integración exitosa de la energía nuclear y las renovables. La infraestructura inteligente incluye redes inteligentes, almacenamiento de energía y sistemas de gestión de demanda. Estas tecnologías pueden optimizar el uso de energía, reducir pérdidas y mejorar la capacidad de respuesta a las fluctuaciones en la generación y demanda, haciendo que el mix energético sea más eficiente y sostenible. La integración de estas tecnologías avanzadas puede transformar la manera en que se gestiona y distribuye la energía, mejorando la fiabilidad y reduciendo los costos operativos.

En definitiva, el futuro de la energía nuclear está marcado por innovaciones y desarrollos que prometen hacerla más segura, eficiente y compatible con otras fuentes de energía renovable. La investigación en reactores avanzados y la energía de fusión nuclear podrían transformar la generación de energía, proporcionando soluciones sostenibles y de bajo carbono. La integración de la energía nuclear con tecnologías renovables y el desarrollo de un mix energético diversificado son estrategias clave para un futuro energético sostenible, resiliente y libre de carbono. Estos avances no solo tienen el potencial de resolver los problemas actuales asociados con la energía nuclear, sino que también podrían establecer nuevos estándares para la generación de energía limpia y segura en el siglo XXI.

Conclusiones sobre la Energía Nuclear

El capítulo sobre la energía nuclear ha ofrecido una visión detallada y completa de esta fuente de energía, subrayando tanto sus beneficios como sus desafíos. La energía nuclear, basada en la fisión de átomos pesados como el uranio y el plutonio, ha sido una pieza clave en la generación de electricidad desde mediados del siglo XX. Esta tecnología aprovecha la energía liberada durante la fisión nuclear para producir grandes cantidades de electricidad de manera eficiente. A lo largo de la historia, se han desarrollado varios tipos de reactores nucleares, cada uno con características y aplicaciones específicas, como los reactores de agua a presión (PWR), los reactores de agua en ebullición (BWR), los reactores de agua pesada (CANDU), los reactores de grafito-gas (AGR y RBMK) y los reactores de lecho de bolas (HTGR).

Un aspecto destacado del capítulo es la consideración de la energía nuclear como una fuente de energía renovable debido a sus bajas emisiones de gases de efecto invernadero durante la operación y su alta densidad energética. Esta capacidad permite la generación de grandes cantidades de electricidad, lo que es crucial en la lucha contra el cambio climático. Las innovaciones recientes, como los reactores de cuarta generación y los pequeños reactores modulares (SMRs), están diseñadas para mejorar la seguridad y la eficiencia de las plantas nucleares, abordando algunas de las preocupaciones más persistentes en torno a esta tecnología.

Sin embargo, la energía nuclear no está exenta de desafíos y controversias. La gestión de residuos radiactivos sigue siendo un problema significativo, con desechos que requieren almacenamiento seguro durante miles de años. Los riesgos de accidentes nucleares, como los ocurridos en Chernobyl y Fukushima, han dejado una marca indeleble en la opinión pública y han llevado a debates sobre la viabilidad y la seguridad de la energía nuclear. Además, los altos costos iniciales de construcción y mantenimiento de las plantas nucleares son obstáculos económicos que deben considerarse.

Las políticas y estrategias hacia la energía nuclear varían considerablemente entre países. Mientras que Francia, China y Rusia están invirtiendo y expandiendo sus capacidades nucleares, otros como Alemania y Suiza están eliminando gradualmente esta fuente de energía debido a preocupaciones de seguridad y aceptación social. Este contraste refleja la diversidad de enfoques y prioridades en la política energética global.

El futuro de la energía nuclear se vislumbra prometedor gracias a las innovaciones tecnológicas. Los reactores de cuarta generación y los pequeños reactores modulares ofrecen soluciones que pueden hacer que la energía nuclear sea más segura y eficiente. La investigación en energía de fusión nuclear, que busca replicar el proceso que alimenta al Sol, promete una fuente casi ilimitada de energía limpia y segura, aunque todavía enfrenta desafíos técnicos significativos.

La integración de la energía nuclear con otras fuentes de energía renovable es una estrategia clave para un mix energético sostenible. La energía nuclear puede proporcionar una fuente constante y fiable de electricidad que complementa la naturaleza intermitente de las energías renovables como la solar y la eólica. Este enfoque híbrido puede mejorar la estabilidad de la red y reducir las emisiones de carbono, aprovechando las fortalezas de cada tecnología.

En el ámbito de la política energética, es crucial que los gobiernos implementen regulaciones estrictas y protocolos de seguridad para minimizar los riesgos asociados con la energía nuclear. El apoyo financiero para la investigación y el desarrollo de tecnologías nucleares avanzadas, junto con estrategias efectivas para la gestión de residuos, es fundamental para avanzar en este campo. La transparencia y la confianza en las instituciones reguladoras también juegan un papel esencial en la aceptación pública de la energía nuclear.

En términos de investigación futura, se debe centrar en el desarrollo de tecnologías nucleares más seguras y eficientes, así como en la integración de la energía nuclear con otras fuentes renovables. La educación y la comunicación eficaz son esenciales para abordar las preocupaciones del público y fomentar una comprensión informada de los beneficios y riesgos de la energía nuclear.

En resumen, la energía nuclear tiene el potencial de desempeñar un papel significativo en la transición hacia un sistema energético global más sostenible y libre de carbono. Las innovaciones tecnológicas y las políticas de apoyo pueden facilitar su integración con otras fuentes de energía renovable, contribuyendo a un futuro energético más limpio, seguro y sostenible. La investigación continua y el desarrollo de estrategias de comunicación eficaces son esenciales para asegurar que la energía nuclear pueda contribuir de manera efectiva a la transición energética global.

Conclusión

En resumen

A lo largo de este libro, hemos examinado una amplia gama de temas relacionados con la energía renovable y las innovaciones tecnológicas que están transformando este sector. La energía renovable ha recorrido un largo camino desde sus inicios y actualmente juega un papel crucial en la transición hacia un sistema energético más sostenible. Tecnologías como la solar, eólica, hidroeléctrica y biomasa se están integrando cada vez más en las redes eléctricas de muchos países, gracias a importantes avances en eficiencia y reducción de costos.

Uno de los aspectos más destacados es la evolución de las tecnologías fotovoltaicas. Los paneles solares han mejorado significativamente en términos de eficiencia y costo, con nuevos materiales como las perovskitas que prometen aumentar aún más la accesibilidad de la energía solar. Estas tecnologías se están utilizando en una variedad de aplicaciones, desde pequeños sistemas residenciales hasta grandes plantas solares a escala industrial, demostrando su versatilidad y eficacia.

La energía eólica también ha visto avances notables, especialmente en el diseño y la eficiencia de las turbinas terrestres y marinas. Los aerogeneradores flotantes están ampliando el alcance de la energía eólica a nuevas áreas, proporcionando una fuente constante y potente de electricidad renovable. Estos desarrollos han demostrado la viabilidad y eficiencia de la energía eólica en todo el mundo, desde proyectos terrestres en Europa hasta parques eólicos marinos en Asia.

El almacenamiento de energía es otro componente crítico para la integración de las energías renovables. Las baterías avanzadas, incluyendo las de iones de litio, estado sólido y de flujo redox, están mejorando la capacidad de almacenamiento, permitiendo una mayor integración de las renovables en la red eléctrica. Además, tecnologías de almacenamiento térmico y mecánico, como el almacenamiento de energía por aire comprimido y los volantes de inercia, ofrecen soluciones adicionales para almacenar energía de manera eficiente y económica.

La gestión de la red eléctrica es fundamental para maximizar el impacto positivo de las energías renovables. Los sistemas de gestión de la demanda y las soluciones inteligentes utilizan la inteligencia artificial y el análisis de datos para optimizar el uso de energía y mejorar la estabilidad de la red. La integración de energías renovables en la red eléctrica incluye el uso de tecnologías avanzadas y modelos de gestión de energía para equilibrar la oferta y la demanda, garantizando una operación eficiente y fiable del sistema energético.

Las políticas gubernamentales e incentivos económicos juegan un papel vital en el impulso del desarrollo y la adopción de energías renovables. Países como Alemania, China y Dinamarca han implementado políticas exitosas que han promovido significativamente las energías renovables. Subvenciones, créditos fiscales y otros incentivos han sido cruciales para reducir los costos iniciales y fomentar la inversión en tecnologías renovables, demostrando la importancia del apoyo gubernamental en este sector.

Las estrategias de financiación innovadoras también están facilitando la inversión en proyectos de energía renovable. Modelos de negocio como los acuerdos de compra de energía (PPA), el crowdfunding y los bonos verdes están ayudando a financiar estos proyectos. Ejemplos exitosos de proyectos financiados con estos modelos demuestran su viabilidad y potencial para impulsar la transición energética.

La optimización y el mantenimiento de sistemas de energía han mejorado gracias al uso de la inteligencia artificial y el análisis de grandes volúmenes de datos. Estas tecnologías están transformando la gestión de los sistemas energéticos, mejorando la eficiencia operativa y la fiabilidad. El mantenimiento predictivo, que permite prever fallos y realizar intervenciones proactivas, está reduciendo costos y tiempos de inactividad, asegurando un funcionamiento más eficaz de las infraestructuras energéticas.

La energía nuclear, aunque enfrenta desafíos significativos, sigue siendo una fuente importante de generación de electricidad baja en carbono. Los avances en reactores más seguros y eficientes, y la investigación en energía de fusión nuclear, prometen un futuro más sostenible para esta tecnología. La integración de la energía nuclear con otras fuentes renovables podría proporcionar un mix energético robusto y resiliente, aprovechando las ventajas de cada tecnología para asegurar un suministro continuo y fiable de electricidad.

En resumen, este libro ha proporcionado una visión exhaustiva de los avances, desafíos y oportunidades en el campo de las energías renovables y la energía nuclear. La combinación de políticas efectivas, innovaciones tecnológicas y estrategias de financiación puede impulsar la transición hacia un sistema energético global más sostenible y libre de carbono. La colaboración entre gobiernos, empresas y la sociedad civil será crucial para lograr estos objetivos y asegurar un futuro energético más limpio y equitativo para todos. La investigación continua y el desarrollo de nuevas tecnologías serán esenciales para abordar los desafíos actuales y aprovechar al máximo las oportunidades que ofrecen las energías renovables y la energía nuclear.

¿Y el futuro?

El futuro de las energías renovables es prometedor y esencial para enfrentar los desafíos del cambio climático y garantizar la sostenibilidad energética. Los continuos avances tecnológicos están posicionando a las energías renovables en el centro de la transición hacia un sistema energético global más limpio y resiliente. Con la disminución constante de los costos de tecnologías como la solar, eólica, almacenamiento de energía y redes inteligentes, la adopción de energías renovables se acelerará a nivel mundial. Este progreso está respaldado por innovaciones en la energía nuclear, como los reactores de cuarta generación y los pequeños reactores modulares, así como el potencial emergente de la energía de fusión. Estas innovaciones prometen una generación de energía más segura y eficiente, complementando las fuentes de energía renovable para crear un mix energético diversificado y robusto que satisfaga la demanda energética global de manera sostenible.

A largo plazo, la combinación de políticas gubernamentales favorables, incentivos económicos y la colaboración internacional será esencial para superar los desafíos técnicos y económicos que aún persisten. La transición energética requerirá una planificación estratégica y un enfoque en la equidad, asegurando que los beneficios de las energías renovables y la energía nuclear sean accesibles para todas las comunidades, incluidas las más vulnerables y desfavorecidas. Para lograr este objetivo, los investigadores, legisladores y empresas tienen roles fundamentales que desempeñar.

Para los investigadores, la innovación tecnológica es crucial. Es imperativo seguir invirtiendo en la investigación y desarrollo de nuevas tecnologías renovables y nucleares, enfocándose en mejorar la eficiencia, reducir los costos y aumentar la seguridad. La colaboración interdisciplinaria es igualmente vital, reuniendo a expertos en ciencias de la energía, ingeniería, ciencias ambientales y ciencias sociales para desarrollar soluciones integrales a los complejos desafíos de la transición energética. Además, fomentar la transferencia de conocimiento entre instituciones académicas, la industria y los formuladores de políticas acelerará la adopción de tecnologías innovadoras, contribuyendo a un sistema energético más sostenible.

Los legisladores deben desarrollar y mantener un marco regulatorio claro y favorable que incentive la inversión en energías renovables y tecnologías nucleares avanzadas. Esto incluye la implementación de estándares de emisiones, tarifas de alimentación y créditos fiscales. También es fundamental establecer y fortalecer regulaciones rigurosas para la seguridad nuclear y la gestión de residuos radiactivos, ganando así la confianza del público y asegurando la sostenibilidad a largo plazo. Las políticas energéticas deben considerar la equidad y la justicia social, asegurando que los beneficios de la transición energética lleguen a todas las comunidades. Programas de apoyo para la capacitación laboral y el desarrollo de infraestructura en áreas desfavorecidas son esenciales para lograr una transición inclusiva.

Las empresas, por su parte, deben adoptar prácticas sostenibles y asumir la responsabilidad de reducir su huella de carbono. Invertir en energías renovables y tecnologías limpias no solo mejora su imagen pública, sino que también ofrece ventajas competitivas a largo plazo. La colaboración y las alianzas con gobiernos, instituciones académicas y organizaciones no gubernamentales pueden impulsar la innovación y la implementación de proyectos energéticos sostenibles. Además, la transparencia en las operaciones y una comunicación efectiva sobre los beneficios y desafíos de las energías renovables y nucleares son clave para aumentar la aceptación pública y fomentar el apoyo de los stakeholders.

En resumen, las perspectivas futuras para las energías renovables y la energía nuclear son alentadoras, con un gran potencial para contribuir a un sistema energético global más sostenible y resiliente. Investigadores, legisladores y empresas tienen roles cruciales que desempeñar en esta transición. Mediante la innovación continua, la formulación de políticas estratégicas y la colaboración efectiva, podemos superar los desafíos actuales y crear un futuro energético que beneficie a todas las comunidades y preserve el planeta para las generaciones futuras. Las investigaciones recientes han demostrado que con el compromiso adecuado y la implementación de políticas efectivas, es posible lograr una transición energética exitosa que asegure un suministro de energía limpio, seguro y accesible para todos.

¿Qué puedes hacer tú?

La transición hacia un sistema energético sostenible no es solo una necesidad urgente sino una oportunidad histórica para construir un futuro más limpio, saludable y justo. Cada uno de nosotros, desde individuos hasta gobiernos y empresas, tiene un papel esencial que desempeñar en este proceso. El desafío del cambio climático y la demanda de energía más limpia y accesible nos llaman a todos a la acción.

A los lectores, los invito a educarse y a crear conciencia sobre las energías renovables y sus beneficios. Informarse y compartir conocimientos con amigos, familiares y comunidades puede establecer una base sólida de apoyo para políticas y proyectos de energía limpia. Además, es crucial adoptar hábitos de consumo energético responsables. Optar por productos y servicios sostenibles, reducir el desperdicio de energía en nuestros hogares y considerar la instalación de sistemas de energía renovable, como paneles solares, son pasos significativos que podemos dar. Involucrarse activamente en iniciativas locales y nacionales que promuevan la energía renovable también es vital. Participar en reuniones comunitarias, apoyar a organizaciones ambientales y votar por políticas y representantes que prioricen la sostenibilidad y la innovación energética puede marcar una diferencia notable.

A los gobiernos, les insto a desarrollar y aplicar políticas que fomenten la investigación, el desarrollo y la implementación de tecnologías renovables. Es fundamental establecer incentivos económicos, estándares de eficiencia energética y objetivos claros para la reducción de emisiones de carbono. Además, aumentar la financiación para la investigación y el desarrollo de nuevas tecnologías energéticas es crucial. Apoyar a las instituciones académicas y a las startups que están trabajando en soluciones innovadoras para los desafíos energéticos puede acelerar el progreso. La colaboración internacional también es esencial. Promover la cooperación global en materia de energía renovable puede acelerar el desarrollo tecnológico, compartir mejores prácticas y aumentar la capacidad de respuesta ante los desafíos climáticos.

A las empresas, las animo a integrar la sostenibilidad en el núcleo de sus operaciones. Implementar prácticas de eficiencia energética, invertir en energías renovables y reducir las emisiones de carbono en toda la cadena de valor son pasos cruciales. Fomentar la innovación dentro de sus organizaciones y colaborar con instituciones académicas y centros de investigación para desarrollar nuevas tecnologías energéticas es vital. Participar en proyectos piloto y programas de prueba que puedan demostrar la viabilidad y los beneficios de las energías renovables también es fundamental. Además, es importante comunicar los esfuerzos de sostenibilidad de manera clara y transparente. Al comprometerse públicamente con objetivos de energía renovable y reducción de emisiones, las empresas pueden influir positivamente en la opinión pública y motivar a otras empresas a seguir su ejemplo.

La transición hacia un futuro energético sostenible es un esfuerzo colectivo que requiere la participación activa de individuos, gobiernos y empresas. La innovación y la adopción de energías renovables no solo son esenciales para mitigar los efectos del cambio climático, sino que también representan una oportunidad para crear un mundo más justo, saludable y próspero. Como dijo Mahatma Gandhi, "Sé el cambio que quieres ver en el mundo". Respondamos juntos a este llamado a la acción, promoviendo y apoyando las energías renovables en todos los aspectos de nuestras vidas y comunidades. Con determinación y colaboración, podemos lograr un futuro energético limpio y sostenible para las generaciones presentes y futuras.

Apéndices

Preguntas frecuentes

1. ¿Qué son las energías renovables?

Las energías renovables son aquellas fuentes de energía que se obtienen de recursos naturales inagotables o que se regeneran de manera continua, como la energía solar, eólica, hidroeléctrica y biomasa. Estas fuentes de energía son consideradas sostenibles porque no se agotan y tienen un menor impacto ambiental en comparación con los combustibles fósiles.

2. ¿Cuál es la diferencia entre la fisión y la fusión nuclear?

La fisión nuclear es el proceso en el cual un núcleo atómico pesado se divide en dos núcleos más ligeros, liberando una gran cantidad de energía. Este proceso se utiliza en los reactores nucleares actuales. La fusión nuclear, por otro lado, es el proceso donde dos núcleos ligeros se combinan para formar un núcleo más pesado, liberando energía. La fusión es el proceso que alimenta al Sol y las estrellas y tiene el potencial de ser una fuente de energía prácticamente ilimitada y limpia si se logra controlar en la Tierra.

3. ¿Cuáles son las principales ventajas de las energías renovables?

Las energías renovables tienen varias ventajas, incluyendo:

- Reducción de emisiones de gases de efecto invernadero.
- Diversificación de la matriz energética y aumento de la seguridad energética.
- Creación de empleos verdes y desarrollo económico.
- Reducción de la dependencia de combustibles fósiles.
- Menor impacto ambiental y conservación de recursos naturales.

4. ¿Qué desafíos enfrenta la energía nuclear?

La energía nuclear enfrenta varios desafíos, incluyendo:

- Gestión y almacenamiento seguro de residuos radiactivos.
- Riesgo de accidentes nucleares y su impacto en la salud y el medio ambiente.
- Altos costos iniciales de construcción y mantenimiento de plantas nucleares.

- Percepción pública negativa y falta de aceptación social en algunos países.

5. ¿Cómo pueden las energías renovables y la energía nuclear trabajar juntas?

Las energías renovables y la energía nuclear pueden complementarse para crear un mix energético robusto y sostenible. La energía nuclear puede proporcionar una fuente constante y fiable de electricidad, mientras que las energías renovables como la solar y la eólica pueden cubrir la demanda variable. Esta combinación puede mejorar la estabilidad de la red eléctrica y reducir las emisiones de carbono.

6. ¿Qué son los pequeños reactores modulares (SMRs) y por qué son importantes?

Los pequeños reactores modulares (SMRs) son reactores nucleares de menor tamaño y capacidad que los reactores tradicionales. Son importantes porque ofrecen ventajas como:

- Mayor seguridad debido a sus características de diseño intrínsecamente seguras.
- Menores costos iniciales y tiempos de construcción más cortos.

- Flexibilidad en la ubicación y la capacidad de ser ensamblados en serie.
- Potencial para ser utilizados en áreas remotas o en combinación con otras fuentes de energía renovable.

7. ¿Qué innovaciones están mejorando las tecnologías solares y eólicas?

Algunas innovaciones recientes en tecnologías solares y eólicas incluyen:

- Paneles solares de alta eficiencia con nuevos materiales como las perovskitas.
- Aerogeneradores con diseños avanzados que aumentan la eficiencia y la capacidad de generación.
- Desarrollo de tecnologías de almacenamiento de energía que permiten gestionar mejor la intermitencia de las energías renovables.
- Sistemas híbridos que combinan energía solar, eólica y almacenamiento para optimizar la generación y el uso de energía.

8. ¿Qué es la gestión de la demanda energética y por qué es importante?

La gestión de la demanda energética implica el uso de estrategias y tecnologías para influir en el consumo de energía de los usuarios finales. Es importante porque ayuda a equilibrar la oferta y la demanda en la red eléctrica, mejora la eficiencia energética, reduce los costos y facilita la integración de energías renovables en la red.

9. ¿Cómo se pueden financiar los proyectos de energía renovable?

Los proyectos de energía renovable pueden financiarse mediante varios mecanismos, incluyendo:

- Subvenciones y créditos fiscales ofrecidos por gobiernos.
- Bonos verdes que atraen inversiones sostenibles.
- Acuerdos de compra de energía (PPA) que aseguran un flujo de ingresos a largo plazo.
- Crowdfunding y participación comunitaria para financiar proyectos locales.
- Fondos de inversión especializados en energías limpias.

10. ¿Qué papel juegan las políticas gubernamentales en la adopción de energías renovables?

Las políticas gubernamentales son cruciales para la adopción de energías renovables. Pueden proporcionar incentivos económicos, establecer objetivos de energía limpia, implementar estándares de eficiencia energética y regular el mercado energético para favorecer la inversión en tecnologías renovables. Un marco regulatorio favorable y un apoyo constante son esenciales para impulsar la transición hacia un sistema energético sostenible.

11. ¿Qué es el almacenamiento de energía y por qué es crucial para las energías renovables?

El almacenamiento de energía se refiere a las tecnologías y sistemas que almacenan energía para su uso posterior. Es crucial para las energías renovables porque permite almacenar el exceso de energía generado durante los períodos de alta producción (por ejemplo, días soleados o ventosos) y liberar esa energía cuando la demanda es alta o la producción es baja. Esto ayuda a estabilizar la red eléctrica y garantiza un suministro de energía constante y fiable.

12. ¿Qué son las redes inteligentes (smart grids) y cómo ayudan en la integración de las energías renovables?

Las redes inteligentes son sistemas eléctricos avanzados que utilizan tecnología digital para monitorizar y gestionar el flujo de electricidad de manera eficiente. Ayudan en la integración de las energías renovables mediante la gestión en tiempo real de la oferta y la demanda, la mejora de la eficiencia operativa, la reducción de pérdidas y la facilitación del almacenamiento de energía y la respuesta a la demanda.

13. ¿Cuáles son los principales obstáculos para la adopción masiva de energías renovables?

Los principales obstáculos incluyen:

- Intermitencia y variabilidad en la producción de energía renovable.
- Falta de infraestructura adecuada de almacenamiento y transmisión de energía.
- Altos costos iniciales de instalación y desarrollo.
- Barreras regulatorias y políticas inconsistentes.
- Resistencia social y falta de aceptación en algunas comunidades.

14. ¿Qué es la economía circular y cómo se relaciona con la energía renovable?

La economía circular es un modelo económico que busca minimizar el desperdicio y hacer un uso más eficiente de los recursos mediante el reciclaje, la reutilización y la regeneración de materiales. Se relaciona con la energía renovable en que promueve prácticas sostenibles y eficientes que pueden reducir la dependencia de recursos no renovables y minimizar el impacto ambiental de la generación de energía.

15. ¿Cómo pueden las comunidades locales beneficiarse de los proyectos de energía renovable?

Las comunidades locales pueden beneficiarse de los proyectos de energía renovable a través de:

- Creación de empleos locales en la construcción, operación y mantenimiento de instalaciones.
- Reducción de los costos de energía y aumento de la independencia energética.
- Ingresos adicionales mediante la participación en proyectos comunitarios y la venta de energía excedente.
- Mejora de la calidad del aire y reducción de la contaminación ambiental.

- Fortalecimiento de la resiliencia económica y energética de la comunidad.

16. ¿Qué es un acuerdo de compra de energía (PPA) y cómo funciona?

Un acuerdo de compra de energía (PPA) es un contrato entre un productor de energía y un comprador (generalmente una empresa o una utility) en el cual el comprador acuerda comprar la electricidad generada a un precio fijo durante un período determinado. Los PPAs proporcionan previsibilidad de ingresos para los desarrolladores de proyectos de energía renovable y reducen los riesgos financieros asociados con la variabilidad de precios en el mercado eléctrico.

17. ¿Qué papel juegan las innovaciones tecnológicas en la reducción de costos de las energías renovables?

Las innovaciones tecnológicas juegan un papel crucial en la reducción de costos de las energías renovables mediante:

- Mejora de la eficiencia de conversión de energía en tecnologías como paneles solares y aerogeneradores.
- Desarrollo de materiales más baratos y duraderos.

- Optimización de procesos de fabricación y construcción.
- Avances en tecnologías de almacenamiento de energía y redes inteligentes.
- Facilitar la integración y gestión de energías renovables en la red eléctrica.

18. ¿Qué es la energía geotérmica y cómo se utiliza?

La energía geotérmica es la energía obtenida del calor interno de la Tierra. Se utiliza principalmente para la generación de electricidad y para aplicaciones de calefacción y refrigeración. En las plantas geotérmicas, el calor se extrae del subsuelo a través de pozos y se utiliza para generar vapor que impulsa turbinas conectadas a generadores eléctricos. También se utiliza en sistemas de calefacción geotérmica para edificios y distritos residenciales.

19. ¿Cómo puede la inteligencia artificial (IA) mejorar la eficiencia y gestión de los sistemas de energía renovable?

La inteligencia artificial puede mejorar la eficiencia y gestión de los sistemas de energía renovable mediante:

- Predicción precisa de la generación de energía basada en datos meteorológicos y patrones históricos.
- Optimización de la operación y el mantenimiento de instalaciones mediante el análisis de datos y la detección de anomalías.
- Gestión de la demanda y la oferta de energía en tiempo real para equilibrar la red eléctrica.
- Automatización de procesos y toma de decisiones basada en datos para mejorar la eficiencia operativa.

20. ¿Qué son los bonos verdes y cómo apoyan el desarrollo de proyectos de energía renovable?

Los bonos verdes son instrumentos de deuda emitidos para financiar proyectos que tienen beneficios ambientales, como proyectos de energía renovable, eficiencia energética, transporte limpio y gestión de residuos. Los ingresos generados por los bonos verdes se destinan exclusivamente a estos proyectos, proporcionando a los inversores una forma de apoyar iniciativas sostenibles mientras obtienen un retorno financiero. Los bonos verdes ayudan a movilizar capital para el desarrollo y expansión de proyectos de energía limpia y sostenible.

Glosario de Términos Técnicos

- **Energía Renovable**: Energía obtenida de fuentes naturales que se regeneran constantemente, como la solar, eólica, hidroeléctrica y biomasa.
- **Energía Nuclear**: Energía liberada durante la fisión o fusión de núcleos atómicos, utilizada principalmente en la generación de electricidad.
- **Fisión Nuclear**: Proceso en el cual un núcleo atómico pesado se divide en dos o más núcleos ligeros, liberando una gran cantidad de energía.
- **Fusión Nuclear**: Proceso en el cual dos núcleos ligeros se combinan para formar un núcleo más pesado, liberando energía. Es el proceso que alimenta al Sol y las estrellas.
- **Reactor Nuclear**: Dispositivo en el cual se controlan las reacciones nucleares en cadena para producir energía en forma de calor.
- **Reactor de Agua a Presión (PWR):** Tipo de reactor nuclear que utiliza agua a alta presión como moderador y refrigerante.
- **Reactor de Agua en Ebullición (BWR):** Tipo de reactor nuclear en el cual el agua hierve en el núcleo del reactor y el vapor producido se utiliza para generar electricidad.
- **Reactor de Agua Pesada (CANDU):** Tipo de reactor nuclear que utiliza agua pesada como moderador y

refrigerante, y puede utilizar uranio natural como combustible.

- **Pequeños Reactores Modulares (SMR):** Reactores nucleares de menor tamaño y capacidad que pueden ser fabricados en serie y ensamblados en el sitio, diseñados para ser más seguros y económicos.

- **Energía Solar Fotovoltaica:** Tecnología que convierte la luz solar directamente en electricidad mediante el uso de paneles solares compuestos por células fotovoltaicas.

- **Concentración de Energía Solar (CSP):** Tecnología que utiliza espejos o lentes para concentrar una gran área de luz solar en un pequeño receptor, generando calor que se convierte en electricidad.

- **Aerogenerador**: Dispositivo que convierte la energía cinética del viento en energía eléctrica mediante el uso de palas que giran un generador.

- **Energía Eólica Marina:** Generación de electricidad mediante aerogeneradores ubicados en el mar, donde los vientos son generalmente más fuertes y constantes.

- **Almacenamiento de Energía:** Tecnologías y sistemas que almacenan energía para su uso posterior. Ejemplos incluyen baterías, almacenamiento de energía por aire comprimido (CAES) y volantes de inercia.

- **Baterías de Iones de Litio:** Tipo de batería recargable comúnmente utilizada en dispositivos electrónicos y vehículos eléctricos, conocida por su alta densidad de energía y larga vida útil.

- **Redes Inteligentes (Smart Grids):** Redes eléctricas que utilizan tecnología digital avanzada para monitorizar y gestionar el flujo de electricidad de manera eficiente, mejorando la fiabilidad y sostenibilidad del sistema.

- **Inteligencia Artificial (IA):** Campo de la informática que se enfoca en la creación de sistemas capaces de realizar tareas que requieren inteligencia humana, como el aprendizaje, la toma de decisiones y la resolución de problemas.

- **Mantenimiento Predictivo:** Estrategia de mantenimiento que utiliza datos y análisis avanzados para predecir cuándo es probable que ocurran fallos en los equipos, permitiendo intervenciones preventivas.

- **Análisis de Big Data:** Proceso de examinar grandes volúmenes de datos para descubrir patrones, tendencias y asociaciones que puedan ser útiles para la toma de decisiones.

- **Créditos Fiscales:** Incentivos financieros que permiten a los contribuyentes reducir el monto de sus impuestos, utilizados para promover inversiones en energías renovables y tecnologías limpias.
- **Subvenciones**: Aportes financieros directos del gobierno para apoyar proyectos específicos, como la instalación de tecnologías de energía renovable.
- **Bonos Verdes:** Instrumentos de deuda emitidos para financiar proyectos que tienen beneficios ambientales, como proyectos de energía renovable y sostenibilidad.
- **Almacenamiento de Energía por Aire Comprimido (CAES):** Tecnología de almacenamiento de energía que utiliza aire comprimido en cavidades subterráneas o tanques a alta presión, liberando el aire para generar electricidad cuando se necesita.
- **Volantes de Inercia**: Dispositivos que almacenan energía cinética en un rotor giratorio, liberando la energía cuando se necesita mediante la desaceleración del rotor.
- **Política Energética**: Conjunto de decisiones y acciones tomadas por un gobierno para gestionar y regular la producción, distribución y consumo de energía en un país o región.

- **Economía Circular**: Modelo económico que busca minimizar el desperdicio y hacer un uso más eficiente de los recursos, mediante el reciclaje, la reutilización y la regeneración de materiales.
- **Mix Energético**: Combinación de diferentes fuentes de energía utilizadas para satisfacer la demanda de electricidad de una región o país, incluyendo energías renovables, nucleares y fósiles.
- **Residuos Radiactivos**: Materiales que contienen isótopos radiactivos y son producidos como subproductos de las reacciones nucleares. Requieren gestión y almacenamiento seguro debido a su potencial peligro para la salud y el medio ambiente.
- **Gestión de la Demanda Energética**: Estrategias y tecnologías utilizadas para influir en el consumo de energía de los usuarios finales, con el objetivo de equilibrar la oferta y la demanda en la red eléctrica.
- **Resiliencia Energética**: Capacidad de un sistema energético para adaptarse y recuperarse de interrupciones y desafíos, asegurando un suministro continuo y fiable de electricidad.

Lista de Lecturas Recomendadas

1. "Sustainable Energy – Without the Hot Air" por David JC MacKay

- Descripción: Este libro proporciona un análisis detallado y accesible de las diferentes fuentes de energía sostenible y sus capacidades reales, con un enfoque en datos y cálculos claros.

- Por qué leerlo: Ofrece una comprensión sólida y basada en datos sobre las posibilidades y limitaciones de las energías renovables.

2. "The Switch: How solar, storage and new tech means cheap power for all" por Chris Goodall

- Descripción: Explora cómo las tecnologías solares y de almacenamiento de energía están revolucionando el mercado energético, haciendo la energía limpia más accesible y asequible.

- Por qué leerlo: Proporciona una visión optimista del futuro de la energía solar y las innovaciones en almacenamiento de energía.

3. **"Power to the People: How the Coming Energy Revolution Will Transform an Industry, Change Our Lives, and Maybe Even Save the Planet" por Vijay V. Vaitheeswaran**

- Descripción: Analiza cómo las nuevas tecnologías y políticas energéticas están transformando el sector energético y aborda los desafíos y oportunidades de esta transición.

- Por qué leerlo: Ofrece una perspectiva global sobre la revolución energética en curso y su impacto potencial.

4. **"Renewable Energy: Power for a Sustainable Future" por Stephen Peake y Joe Smith**

- Descripción: Este libro es un recurso completo que cubre todos los aspectos de las energías renovables, desde los principios básicos hasta las aplicaciones prácticas y las políticas.

- Por qué leerlo: Es una guía completa y educativa que abarca una amplia gama de tecnologías y cuestiones relacionadas con las energías renovables.

5. "The Future of Fusion Energy" por Jason Parisi y Justin Ball

- Descripción: Una introducción accesible y bien informada sobre la fusión nuclear, sus principios, avances tecnológicos y el camino hacia su viabilidad comercial.

- Por qué leerlo: Proporciona una visión clara de los desarrollos en la energía de fusión y su potencial para el futuro energético.

6. "Energy Transitions: Global and National Perspectives" por Vaclav Smil

- Descripción: Examina la historia de las transiciones energéticas y ofrece perspectivas sobre el futuro de la energía global y nacional.

- Por qué leerlo: Ofrece un contexto histórico y una visión profunda sobre cómo y por qué se producen las transiciones energéticas.

7. "Nuclear Energy: Principles, Practices, and Prospects" por David Bodansky

- Descripción: Proporciona una comprensión integral de la energía nuclear, incluyendo los principios científicos, las tecnologías actuales y las perspectivas futuras.

- Por qué leerlo: Es una fuente de referencia detallada y bien documentada sobre todos los aspectos de la energía nuclear.

8. "Reinventing Fire: Bold Business Solutions for the New Energy Era" por Amory B. Lovins

- Descripción: Presenta una estrategia detallada para una transición hacia un futuro energético sostenible, sin la necesidad de carbón, petróleo y energía nuclear.

- Por qué leerlo: Ofrece soluciones prácticas y audaces para transformar el sistema energético global hacia la sostenibilidad.

9. "Smart Grid: Integrating Renewable, Distributed & Efficient Energy" por Fereidoon P. Sioshansi

- Descripción: Examina el desarrollo y la implementación de redes inteligentes que integran energías renovables, tecnologías distribuidas y eficiencia energética.

- Por qué leerlo: Proporciona un análisis profundo de cómo las redes inteligentes pueden facilitar la transición hacia un sistema energético más sostenible y eficiente.

10. "Clean Disruption of Energy and Transportation" por Tony Seba

- Descripción: Argumenta que la convergencia de tecnologías disruptivas como los vehículos eléctricos, la energía solar y el almacenamiento de energía transformará completamente la energía y el transporte.

- Por qué leerlo: Ofrece una visión audaz y convincente sobre cómo las tecnologías emergentes están configurando el futuro de la energía y el transporte.

Recursos y Herramientas Útiles

Recursos en Línea

1. Agencia Internacional de Energías Renovables (IRENA)

- Sitio web: www.irena.org

- Descripción: Proporciona datos, informes y análisis sobre energías renovables, incluyendo estadísticas globales y tendencias del mercado.

2. Agencia Internacional de Energía (IEA)

- Sitio web: www.iea.org

- Descripción: Ofrece informes detallados, datos y proyecciones sobre el sector energético global, con un enfoque en la transición energética y las políticas energéticas.

3. Renewable Energy World

- Sitio web: www.renewableenergyworld.com

- Descripción: Proporciona noticias, artículos y análisis sobre las tecnologías de energías renovables, proyectos y políticas.

4. National Renewable Energy Laboratory (NREL)

- Sitio web: www.nrel.gov

- Descripción: Proporciona investigaciones, datos y herramientas sobre tecnologías de energía renovable y eficiencia energética.

5. Global Wind Energy Council (GWEC)

- Sitio web: www.gwec.net

- Descripción: Ofrece informes y estadísticas sobre la industria de la energía eólica a nivel global, incluyendo tendencias de mercado y políticas.

6. Solar Energy Industries Association (SEIA)

- Sitio web: www.seia.org

- Descripción: Proporciona recursos, informes y noticias sobre la industria solar en Estados Unidos, incluyendo políticas y tendencias del mercado.

Herramientas y Software

1. HOMER Energy

- Sitio web: www.homerenergy.com

- Descripción: Software para el modelado y la optimización de sistemas de energía híbrida que combina energías renovables y almacenamiento.

2. SAM (System Advisor Model)

- Sitio web: sam.nrel.gov

- Descripción: Herramienta desarrollada por NREL para la modelización y el análisis financiero de proyectos de energía renovable, incluyendo solar, eólica y biomasa.

3. RETScreen

- Sitio web: www.nrcan.gc.ca/maps-tools-publications/tools/retscreen/7465

- Descripción: Software para el análisis de proyectos de energía limpia, que incluye evaluación de viabilidad, análisis de desempeño y análisis financiero.

4. PVsyst

- Sitio web: www.pvsyst.com

- Descripción: Software para el dimensionamiento y la simulación de sistemas fotovoltaicos, utilizado para el análisis y diseño de instalaciones solares.

5. WindPRO

- Sitio web: www.emd.dk/windpro

- Descripción: Herramienta de software para la planificación y el análisis de proyectos de energía eólica, incluyendo el diseño de parques eólicos y la evaluación del recurso eólico.

6. EnergyPLAN

- Sitio web: www.energyplan.eu

- Descripción: Herramienta de simulación para el modelado de sistemas energéticos sostenibles, utilizada para analizar la integración de diferentes fuentes de energía y tecnologías.

Publicaciones y Bases de Datos

1. World Energy Outlook (IEA)

- Descripción: Informe anual que proporciona análisis y proyecciones detalladas sobre la situación y las tendencias del sector energético mundial.

- Sitio web: www.iea.org/weo

2. Renewables Global Status Report (REN21)

- Descripción: Informe anual que ofrece una visión global del mercado, la industria, la inversión y las políticas de energías renovables.

- Sitio web: www.ren21.net/reports/global-status-report

3. BP Statistical Review of World Energy

- Descripción: Publicación anual que proporciona datos y análisis sobre el consumo de energía, la producción y las tendencias en todo el mundo.

- Sitio web: www.bp.com/statisticalreview

4. Database of State Incentives for Renewables & Efficiency (DSIRE)

- Descripción: Base de datos completa de incentivos y políticas estatales y federales de EE. UU. para las energías renovables y la eficiencia energética.

- Sitio web: www.dsireusa.org

5. Global Energy Statistical Yearbook

- Descripción: Base de datos que ofrece estadísticas y análisis sobre el consumo, la producción y el comercio de energía a nivel mundial.

- Sitio web: yearbook.enerdata.net

Organizaciones y Redes Profesionales

1. International Solar Energy Society (ISES)

- Sitio web: www.ises.org

- Descripción: Red global de profesionales y expertos en energía solar, que promueve la investigación, el desarrollo y la aplicación de tecnologías solares.

2. International Association for Energy Economics (IAEE)

- Sitio web: www.iaee.org

- Descripción: Organización profesional dedicada al avance del conocimiento sobre la economía energética, mediante la investigación, la educación y el intercambio de información.

3. American Wind Energy Association (AWEA)

- Sitio web: www.awea.org

- Descripción: Asociación nacional de la industria eólica en Estados Unidos, que promueve la energía eólica y apoya a sus miembros a través de la defensa, la investigación y la educación.

4. European Renewable Energy Council (EREC)

- Sitio web: www.erec.org

- Descripción: Organización que representa a las industrias de energía renovable en Europa y promueve políticas y tecnologías sostenibles en el continente.

5. Clean Energy Council

- Sitio web: www.cleanenergycouncil.org.au

- Descripción: Principal organización de energía limpia en Australia, que apoya el desarrollo de tecnologías renovables y la transición hacia una economía de energía limpia.

www.ingramcontent.com/pod-product-compliance
Lightning Source LLC
Chambersburg PA
CBHW071917210526
45479CB00002B/456